北大的青春 不迷茫
BEIDADEQINGCHUNBUMIMANG

—— 北京大学送给青少年的最好礼物 ——

黄轶【编著】

谨以此书，献给世间努力追逐梦想的人！

企业管理出版社

图书在版编目（CIP）数据

北大的青春不迷茫 / 黄轶编著. —北京：企业管理出版社，2014.5
ISBN 978-7-5164-0783-7

Ⅰ.①北… Ⅱ.①黄… Ⅲ.①成功心理—青年读物 Ⅳ.①B848.4-49

中国版本图书馆CIP数据核字（2014）第074154号

书　　名：	北大的青春不迷茫
作　　者：	黄　轶
责任编辑：	尤　颖
书　　号：	ISBN 978-7-5164-0783-7
出版发行：	企业管理出版社
地　　址：	北京市海淀区紫竹院南路17号　邮编：100048
网　　址：	http://www.emph.cn
电　　话：	总编室（010）68701719　发行部（010）68701816　编辑部（010）68414643
电子信箱：	80147@sina.com
印　　刷：	固安县保利达印务有限公司
经　　销：	新华书店
规　　格：	170毫米×230毫米　　　16开本　16.5印张　280千字
版　　次：	2014年7月第1版　2014年7月第1次印刷
定　　价：	29.80元

版权所有 翻印必究 · 印装有误 负责调换

目 录

前　言

第一章　北大，是你的起点而不是终点

你远不是最好的，只是在变得"更好"的路上　/002

在1%的天才和99%的汗水之间，学会勤奋　/006

每天勤劳一点，每天进步一点　/010

握住心中的"火团"，谨记自己的执着　/014

"刻苦、再刻苦"，不指望天上掉馅饼　/018

用无比的坚韧，走自己的路　/022

第二章　北大教你：沉住气，才能得到胜利

时刻记住，笑到最后才是胜利　/028

学会理智地调控自己的一言一行　/032

100次跌倒，101次站起　/036

难过的时候请记得微笑　/040

心急吃不了热豆腐，凡事别着急　/043

冲动是魔鬼，冷静是良方　/047

第三章　北大陪你走更远，开头不拼的人得输

想到就要去做，空等等不出未来　/052

变化永远比计划快，边走边调整　/056

花时间做白日梦，不如花时间动动手　/060

试过不一定成功，但不试一定失败　/064

凡事要如孔明应战，做足前期准备　/068

在通往梦想的路上，留下你的足印　/072

第四章　读懂北大的思维，敢想才能敢干

上帝赐予了我们每个人一颗用来思考的脑袋　/078

不要盲目接受既定答案，惊喜总在思考后　/083

看事物之前，戴一副"质疑"的有色眼镜　/087

学会换位思考，保证让你得到更多　/091

"常规"有时是一个笼牢，要懂得重获自由　/095

会思考的人从不闲着，闲着的人都很难成功　/099

第五章　北大与你在一起，学会和困难握手

上天是公平的，在于它对每个人都不公平　/104

在困难面前，学学"磕头虫"　/109

学会全方位考虑，扭转逆境　/114

凡事不会尽如人意，要懂得站起来　/119

懂得利用"苦难"的逆向弹力　/123

第六章　北大送给你的"自我完善"指南

每天照照镜子，总结自己和提高自己　/128

找准自己的特长，不要随波逐流　/132

发扬自己的长处，学会扬长避短　/136

人生剧本由你写，演好每一个角色 /140
"不卑不亢"和"谦卑自牧"永远依存 /144

第七章　人生苦拼，北大教你拼心态

没有人能十全十美，关键是够真诚 /150
今天的一小步，是明天的一大步 /154
过去已过，学会展望将来 /158
不要害怕失去和缺陷，这是另一种获取 /162
心态决定高低，好平台不如好心态 /166
时刻谨记要咬紧牙关，遇事要扛 /170

第八章　和北大一起高呼：自我万万岁

不要惧怕不一样，你大可以活出不同 /176
每个人都是金子，每个人都可以发光 /181
让闪光点更加发光发亮 /186
尽情地发挥自己的才华，别让自己"被埋没" /191
清晰目标，学会忍耐 /195
人生凶险，要学会"王婆卖瓜" /199

第九章　抓住机遇，北大教你定方向

机会总是留给有准备的人 /204
机会来了，要斩钉截铁不犹豫 /208
选择比坚持重要，不要盲目执着 /213
机遇伴随着偶然性，关键在于"渔翁撒网"结善缘 /217
随时反省自己，不让机会"擦肩而过" /222
善待人生的分岔口，该回头时就回头 /226

第十章　北大人生哲学课，懂得待人才能赢

有自信，才能结交良友，灵活处世　/232

学会借助他人的力量，善用人脉圈　/236

无论顺流逆流，都要谦逊待人　/240

待人宽容，待己严谨　/244

欣赏自己，赏识别人　/248

懂得自我批评，让自己成为一个受欢迎的人　/252

前言

"北大",我国著名高等学府。就如同美国的哈佛大学一样,这里是很多学子梦想开始的地方。

如果说北大是一个摇篮,那么北大总是精英辈出;如果说北大是一个舞台,那么北大总是璀璨夺目……

她既像一个摇篮,以博大无私的胸怀,培育出一代又一代的精英、名仕、政要、学者;她也像一个舞台,以力敌万钧的肩膀,让每一位精英学子得到展现自己的机会。对于正在成长、徘徊在人生岔路口的青年,更是如此。

到了北大,你会发现,很多在你心目中约定俗成的惯例,在这里是不适用的。这里精英林立,但是他们并非"基因决定命运"的产物。能够成功进入北大的学子,不一定家财万贯,不一定智商超群,不一定机智过人,但是一定要比别人更加懂得勤奋、好学、创新、积极的重要性。

他们好学,在别人对于自身起点还懵然不知的时候,北大学子已经懂得了"赢在起跑线"的重要性,因此,无论日出日·落,他们始终积极如初,无论高低起跌,他们始终不停奋斗。

他们沉稳,在别人为了小事纠结,为了小挫败而沮丧的时候,北大学子深深明白"沉得住气、管得住自己"的重要性,不能说他们全都能达到"不以物喜,不以己悲"的境界,但是他们却能比别人更加懂得控制自己的情绪,让自己时刻保持干劲和激情。

他们善于行动，他们明白"空等等不出未来，无论理想多宏大，目标多美好，总要付诸实践才能获取成功"的道理。所以，他们不会花时间去空等，不会花时间做白日梦，只要定好了目标，他们就会扬帆起航，全速前进。

他们百折不挠，面对困难，面对逆境，他们比别人更加懂得自强不息的道理。因为北大学子知道"越是磨难，越是奋起；越要困难，越要高歌"的道理，在别人被困难打垮的时候，他们会握住困难，利用困难的弹力，让自己变得更加优秀。

同时，他们善于待人，为人处世以修身自立、宽宏大量为基准……

可以说，北大赐予北大学子最大的礼物，不单是校园环境，不单是师资优良，更重要的是给了他们一颗强大的内心，使他们从优秀变得出色，从能人变成强者。

本书汇集了北京大学最顶尖的做人理念和智慧精髓。从北大精神出发，以北大教员、北大学子等为侧面，诠释北大的人生哲学，为正在成长路上的每一位朋友，为正在追求更加成功的每一位读者，提供重要的精神养分，成为每一位正在摸索青春、探寻飞跃的年轻人的指路明灯，让大家不迷茫、不慌张；坚定目标、奋发向前、遇强越强。

北大的青春不迷茫，谨以此书，献给世间拼命追逐梦想的人！

第一章
北大,是你的起点而不是终点

你远不是最好的,只是在变得"更好"的路上

北大箴言:

插上"两个翅膀":一个叫理想,一个叫毅力。如果一个人有了这"两个翅膀",他就能飞得高,飞得远。

——北京大学校长王恩哥

"没有最好,只有更好"的道理,人人都懂,可是能付诸实践的人却不多。尤其是青年人,一时的成就便会让他们陷入虚荣,甘于现状。

很多人会问:为什么有的人能考上最好的大学,胜任优秀的工作,赚取高额的报酬?为什么有的人能成为划时代的象征人物,成为人们心目中的标杆和偶像,成为名利双收的典范?

我可以告诉你,这些你眼中羡慕过的人,他们并非一蹴而就,他们也曾经平凡无奇。他们之所以成功,源于对现实的不满足,源于努力向上,追求更好生活的信念。

胡适,作为新文化运动的主要领袖之一,是中国文学革命的倡导者,1917年,他"暴得大名",以27岁的年轻身份成为北京大学哲学系教授,并充分发挥了自己"旧学邃密""新知深沉"的优势,推进了北大教学的一系列改革,成为民国时期中国文化界的重要领军人物,将北大打造成名副其实的文化阵地。

不过,胡适的成功并非一朝一夕,要做到旧学邃密、新知深沉,他付出了巨大的努力。他自幼勤奋学习《三字经》《千字文》,3岁便入家塾读书学字。他在家沉浸学习了9年旧学,白天在家塾跟先生学习,晚上回家秉烛夜读,将各种经典名著、历史传记,甚至古人的笔记小说都通读了一遍。

13岁的时候，胡适只身前往上海求学。上海是充满魅力的城市，但是纷扰的大上海丝毫无损胡适专注学习的决心，他总是比别人勤用功，总是比别人花心思。当时算术、英文、物理和化学等科目是新兴课程，尚未得到广大学子的充分重视，可是胡适就有这份心，他全力以赴，将所有新兴课程学懂、学透，最终于1910年成功考取了留美官费生，先后入读康奈尔大学农科及哥伦比亚大学哲学系研究生部，最终在杜威教授的指导下，顺利通过博士学位毕业考试，成为哥伦比亚大学哲学系博士毕业生。

如果，胡适的个人经历是草根奋斗史，那么我们就错了。胡适出身商人世家，并非贫寒孩子，纵然父亲早逝，但放诸当时仍属大户人家。胡适之所以如此用功，并非源自生活需要，也非草根阶层"咸鱼翻身"的期望，更多的是他对自我的追求，对社会变革的企盼。在他身上，我们看到了"不懈努力，勇于突破，不断追求更高更好"的深刻影子。

不过，胡适虽然"满身刀子，把把锋利"，可是时代弄潮、造物弄人，先后经历过新文化运动、五四运动、抗日战争的胡适，虽然曾经掌舵北大，可是风骨执着的性格让他不容于当局，他最终选择离开大陆，远赴美国，只留下一句"我虽在远，决不忘掉北大"的诀别之言。

或者，胡适之于北大是一个遗憾，使后人无不感慨"错过了胡适，中国错过了100年"。不过，胡适的精神犹在，北大依旧以寒梅傲雪的姿态一路向前，成为培育莘莘学子的重要摇篮，成为广大年轻人心中的梦想。

最近，刮起了"站着上北大"的旋风，全因这位站着保安岗，成功读上北大的"励志哥"甘相伟为梦想站岗的拼搏和努力。

甘相伟出身普通农村家庭，早在高中时期就立志考上北京大学，他阅读各种和北大有关的图书，心里深深植根着"上北大"的坚定信念。然而，命运弄人，高考那天，他失败了，"上北大"的梦想未能实现，只是以普通成绩考上了一所大专。

毕业后，甘相伟在广东一家公司从事法律顾问的工作。虽然说与北大擦肩而过，可是当个法律顾问好歹也是个白领，按理说应该很满意，人生路线也应该顺理成章地朝着这个白领的方向走下去。

可是，北大的召唤似乎时常穿破他的梦境，他始终眷恋着北大，他不甘于将人生止步在普通专科学历，于是他毅然辞掉了广东的白领工作，闯进北大，当了一名保安。

亲朋好友都觉得这样的决定不可理喻，可是他却说："我甘愿为心中的梦想站岗。"

生活在燕园，扑鼻而来的是北大的学术气息，他努力起来便更加来劲了，除了日常的保安站岗，一有时间，他就会溜进课堂去"蹭课"，听各大名师的讲座，将图书馆里面的藏书贪婪地翻阅，"潜伏"一年之后，他继续自己拼死劲努力的性格特点，参加了当年的成人高考，以高出北大成人教育中心中文系本科招录分数线60多分的成绩，成为了堂堂正正的北大学子，开始了他半工读的旅程。

甘相伟用自己的执着、信念和努力，做出了不平凡的决定，收获了不平凡的成果，全因他的不懈努力和追求，也全凭一颗"不甘如此"的心。

可见，无论是胡适这样的时代大师，还是我们生活中的平凡分子，他们的成功都离不开努力。努力让他们从一个平凡无奇的人，变成了被人敬仰的成功者。他们明明已经很好，可是永不自负、永不甘心、不断努力，不断尝试，追求更好的自己。

所以，"努力"是一种我们通向成功路上的最大催化剂，是一种常态，不要孤注一掷地等待机会的到来，今日的努力和积累才是殊死一搏的最大本钱。因为现在的远不是最好的，你只是在走向更好的路上。

北大行动指南：

1. 与其有空赏花对月，不如实际低头学习

很多人都会觉得北大学子很幸福，北大校园本身就是一个古朴与现代完美融合的地方，但它可不是为了让学生们用来赏花对月的，而纯粹是为他们制造一个舒适的学习平台。可以说，北大学子可以将校园内外的空间利用个透彻；找个娴静的角落，潜心学习，独立思考，不流入纷纷扰扰的步调中。这是北大学子在"努力"这个范畴所创立出来的实际方法论。

2. "死读书"，不如"读书死"

"死读书"在我们的观念中是傻子的行为，当一枚书虫似乎已经发展到略带贬义的程度时，可是北大学子对于读书的执念却从不改变。他们读书，努力读书，甚至到了很多人眼中"死读"的程度，可是这种死读不是对于知识的生硬应用，而是强调读书的量。书读多了，也许会出现不会应用的情况，可是书读少了，那应用起来就会更难，所以北大学子对于读书的努力是执着的，他们不允许自己出现"书到用时方恨少"的情况。

3. 与其停步不前，不如多走一步试试看

很多人会觉得考上了北大，已经是最高的学府、最好的成绩。可是当你进入了北大才会发现，当所有优秀的学子进入了这所大学之后，这个大学的魔力就会发酵，它会让你看到更好的前方，它会告诉你，你还可以走得更远。所以北大学子不会将北大看成重点，而是将北大看成平台，默默努力，提升自己的资本，只为在这个平台上跳得更高。

北大思考题：

据传，这是北京大学用来测试学生的一道脑筋急转弯：一次测试中，人们站在刚好1 000米高的悬崖上将一个鸡蛋往下扔，这个鸡蛋下落了刚好1 000米之后，居然没有摔碎，而这个悬崖底下是成堆的石头。提问，为什么鸡蛋没有碎呢？

答案：

其实，虽然悬崖是1 000米，鸡蛋也下落了1 000米，但扔鸡蛋的人有自己的身高呀，他站着把鸡蛋扔下去，这起码占了1米多，所以说，鸡蛋刚好下落到1000米处时没碎，因为它还没有落地，而到了1001米时自然就会"粉身碎骨"了。

在1%的天才和99%的汗水之间，学会勤奋

北大箴言：

即使是天才，生下来的第一声啼哭也绝不会是一首好诗。

——鲁迅

北大，可以说是众多学子梦寐以求的目标，也许很多年轻人自小就怀抱着走进北大的梦想。可是，目标终归是目标，就像梦想一样，仅仅一个目标是无力支撑起远大理想的，要想实现目标，在通往目标的过程中就要付出巨大而不懈的努力。

最终，很多与北大擦肩而过的人也许会将失败归咎于自己的"智力"。

可是，确实如此吗？

一项调查研究数据或许能为我们说明一些我们曾经忽略了的问题。一研究单位以随机抽查的方式对2000名北大学生的智力做了"摸底调查"，数据显示，47.1%的北大学生在小学时的智力略高于同龄人一点；51.1%的北大学生在小学时的智力与同龄人几乎相同；0.9%的北大学生在小学时的智力大大高于同龄人；还有0.9%的北大学生在小学时的智力略低于同龄人。

可见，能成功入读北大的学生，并非都是先天智力超群的，他们中的很多人和我们一样，之所以能成功进入北大，很重要的因素是后天的努力。所以说，在1%的天才和99%的汗水之间，我们要学会勤奋。

孙衍庆，1949年毕业于北京大学医学院，是我国著名的心脑血管医学专家，第一拨国家突出贡献奖的获得者，是很多人心目中的天之骄子。

不过，正如中国古语有云，"业精于勤荒于嬉"，孙衍庆并不认为自己的

第一章　北大，是你的起点而不是终点

成功是先天优势所赐予的，他认为，勤奋才是成功的基石。早在他就读于北大医学院的时候，他就明白，医生这个职业和别的职业不一样，医生面对的是人，有血有肉的人，他们的生命掌握在自己手中。而很多时候，疾病的发生是受到多种因素的合力影响的，这和行政、管理、工商、外语等范畴不同，不是专注一项专业性强的研究就万事大吉了。学医，必须对各种可能引发疾病的因素有深入的了解，并且要对病人的心理了如指掌，这样才能提出正确、合适的治疗方案，并将方案付诸实践，使病人健康痊愈。

要达到这些要求，在学习上，可以说是永无止境，绝不能急功近利。成功没有捷径可走，必须稳扎稳打、一步一个脚印地加强自身的能力。因此，在读书期间，孙衍庆除了学习医学常识，还进修了外语和心理学。学医本就很辛苦，大家已经是咬紧牙关一天一天地努力。不过，孙衍庆为了学得更多、做得更好，比别人付出得更多，在别人辛劳过后的休息时间里，他继续修学不同的科目。对一些琐碎的问题，他都要求自己展开非常细致的工作，包括翻阅资料、研究调查、观察病情变化等，凡事做到一丝不苟。

在孙衍庆看来，勤奋已经成为习惯，伴随终生。他认为，在临床实践中获取知识，更需要勤奋精神，勤奋能使人从临床实践中发现书本上不能完全概括的新知识，能帮助人在新问题出现的时候发现新的规律。因此，他在工作中也时刻保持着勤奋的思维。

有一次，他在治疗门腔静脉高压症脾肾分流的时候，以为患者的脾肾静脉吻合直径达2.5cm，门脉压力下降，效果很好，当时大家包括他自己都觉得手术非常成功。不过一时的成功并没有使孙衍庆松懈，他坚持长期对病人进行观察，最终在一次复查中，他发现病人的全食管静脉曲张是全部消失了，可是却出现了严重的脑疾病，导致病人肢体活动能力下降。

为此，孙衍庆埋头钻研，发现门脉高压症的血流动力学和门脉分流后的血流动力学的变化可能是导致上述问题出现的影响因素，于是他潜心研究了20年，从多个临床实践中获取了宝贵的经验，最终，他的这个发现得到了认证，获得了国内外医学权威的认可，并以此获取了国家科技进步成果二等奖。

从孙衍庆的学医、从医经历中我们可以发现，很多时候，成功与否不在于你的先天智力，因为智力提升是一个很复杂而漫长的过程，它是众多因素合力作用的结果。但如果你愿意比别人更勤奋、付出得更多，你就能在此过程中发现更多、收获更多。只有不懈努力，你的综合素质才能全面跃进和提升。

因此，与其盲从于听天由命的"智力论"，相信成功是天才们与生俱来的附属战利品，不如脚踏实地，用自己的汗水，编织出属于自己的成功！

北大行动指南：

1. 勤于分析是不可省的

正如衣来伸手、饭来张口的孩童生活一样，谁都知道，自己去琢磨一件事情的答案，远比别人告诉你答案要来得艰辛，这是大家都懂的道理。可是，成功的学子不会这样想，他们不会错过任何一次分析的机会，因为他们知道分析对于自我提升的重要性。

小至一道题目的答案，大至一次人生失败的总结，他们都乐于分析。从错误中学习，一道题如果解答错了，他们会窝在图书馆，翻阅各种资料，直到找到属于自己的解答方法为止。如果一次尝试失败了，他们亦不会听之任之，而是继续尝试，直到自己的想法成功为止。在这个过程中，坚持不懈地努力分析，是他们最大的本钱。

因此，北大学子认为，要成功，首先不要害怕"分析"的苦，纵然很累，也要勤奋地去分析，只有这样，才能更接近成功。

2. "死记硬背"是个苦差事，却很有效

很多人或者会觉得"死记硬背"是个苦差事，事实也确实如此，于是不少人希望寻找捷径，搬出很多"灵活学习方成才，'背多分'者乃是穷刻苦"之类的说法。其实，作为中国著名学府北京大学的学生，他们可不会那么容易被记和背的艰苦所吓怕，在他们看来，灵活应用固然是很重要的，可是勤奋地记忆却是灵活运用的大基础和大前提。

如果没有记和背，知识就谈不上积累，运用也更谈不上得心应手了。可以说，记和背，是为了更好地应用，只有腹中的墨水多了，你才能随心所欲

第一章 北大，是你的起点而不是终点

地表达和创作。正如我们做人做事一样，无论你是上班族，还是创业草根，首先你要懂得最基本的行业知识，将知识全面掌握，深深刻在脑子中，这样你在运用的过程中才能更好地发挥自己的所懂、所长。

因此，不要给自己的懒惰找借口，勤奋起来，学会知识、记住知识可是你成功的基础。

北大思考题：

在食堂中，教授看到一位男同学的钱包中夹着自己小时候的照片，就问男同学："为什么你要将自己以前的照片夹在钱包中呢？"

男生抓抓头，笑了笑说："没什么啊，我就是想看看自己以前的样子。"

教授继续问："你为什么要看自己以前的样子呢？展望未来不是更好吗？"

男生没说话……

如果你是这个男生，你会怎么回答？

其实，教授期望他的回答是："看到过去的自己，我能提醒自己，时刻和过去的自己竞赛。"

没有人是天才，人之所以从普通人变成天才，在于他一天天所积累出来的进步。

每天勤劳一点，每天进步一点

北大箴言：

朋友们，在你最悲观最失望的时候，那正是你必须鼓起坚强的信心的时候。你要深信：天下没有白费的努力。成功不必在我，而功力必不唐捐。

——胡适

生活中，总不乏站在金字塔顶端的成功者，但我们在抬头仰望成功者的地位，向他们投以羡慕目光的时候，要明白一个道理，那就是：成功者和聪明人不是天生的。

没有谁天生注定成功，这是"小时了了，大未必佳"的道理；同样，也没有谁天生注定一世平庸，只要懂得"将勤补拙，笨鸟先飞"，庸人也能迈向成功，关键在于你愿意为了成功而付出多少。

科学研究表明，成功的人，其实智商和普通人差不多，他们之所以能成功，是因为他们有一个目标，在朝着目标进发的过程中，他们始终努力耕耘。因为他们明白，"成功"就像一朵鲜艳夺目、香气扑鼻的花朵，任谁都想要摘取，不过通向这朵花的路程是十分遥远的，免不了攀山涉水，少不了荆棘满途。在同样的起点上，采花者一起出发，但是不少人走到半路就被采花的艰辛吓怕了，半途而废。只有不怕受伤、不惧艰苦、朝着成功花朵坚毅进发的人才能采摘得到。

因此，我们要明白，其实我们和成功者都在同样的起点上，关键是迈向成功的过程，你要坚毅，你要求进，想拉近和成功的距离，你就要每天向前走一步，每天勤劳一点，每天进步一点，这样才能慢慢走向成功。

第一章 北大，是你的起点而不是终点

毛泽东同志，1918年毕业于湖南第一师范学院。在当时，他本可以安逸地度过平稳的一生，但是他锐意继续求学，于是和蔡和森等人在湖南组织了一批青年，准备远赴法国，勤工俭学。此时，赴法勤工俭学的联系机构设在北京大学，当他第一次踏进北京大学，就被这所大学的文化氛围所感染。他感受到了自己和北大学子的差距，明白了北大是一个育人的摇篮，于是决定不去法国，就留在北大求学问。

但是，第一大难题很快就迎面而来了。留在北大半工读的想法很好，到不同的讲堂上蹭课的想法也不赖，可是生计怎么解决呢？幸好，毛泽东遇上了赏识他的李大钊，李大钊安排他到图书馆当助理员。

当时正值新文化运动风起云涌的时期，北大作为新文化运动的摇篮和基地，可谓名人辈出。年少的毛泽东在这里遇到了众多著名学者和学术名人，他渴望和他们交流。不过在当时，毛泽东腹中墨水还不够，区区一个图书馆助理员根本插不上话，人们也不搭理他。

不过，毛泽东没有气馁，反而勤加用功。为了和偶像看齐，为了向榜样学习，为了成为和别人一样的"北大学子"，他无惧生活的艰苦，用北大图书馆助理员8个大洋的工钱，和7个人一起合住在小土屋中。只要能畅游在北大的书海中，哪怕挤得透不过气，还是觉得很幸福。

有了最基本的生活保障之后，毛泽东在图书馆上班的时候会如饥似渴地翻阅书籍，看各种哲学思想著作，了解中外政治思想，拿着一本小笔记本，将看到的、觉得特别好的知识点抄录下来。一下班，他就咬着一口馒头，赶着去参加各种哲学会和新闻学会的旁听，全身心地"蹭课"。

在北大的岁月中，毛泽东每天天没亮就出门上班，到了晚上把最后一门北大讲堂听完才回家。课堂知识的摄取，加上对自己抄录的知识的消化，毛泽东就这样，每天勤劳一点，每天进步一点，最终成为了我们新中国的缔造者、伟大的领导者，以及思想巨子、大文豪。

从毛泽东的经历中我们可以看出，伟人不是凭空而来的，他们是一步一步走过来的，只是他们走的每一步都不平庸，每一步都有追求，每一步都是向前的。

因此，我们不能停留在原地，不能怨天尤人，我们必须要勤奋上进，每天和昨天的自己竞赛，让今天的自己永远比昨天进步一点点。

北大行动指南：

1. 每天给自己定一个具体计划

其实，北大学子和我们一样，也会有偷懒的小心思，毕竟做到持久勤奋是一件相当不容易的事。除了有钢铁一般的意志，北大学子还讲求小小的勤奋技巧，那就是定期给自己一个具体的实践计划，以此敦促自己去不懈努力。例如，每天要背多少个外语单词，每天要读通多少章学术著作……有了具体的计划，他们就如斯日复一日地奋斗。

因为，北大学子明白，成功和目标总是遥远而漫长的，不可能靠一两天的奋斗就能达成。在这个漫长而煎熬的过程中，缺乏耐性和韧劲的青年很可能掉头他顾，因此，为了增强自己持久作战的毅力，必须为自己制定一个具体的短期目标，每一天都朝着这个目标全力冲刺。这样，每天所完成的小目标堆积起来，就能使你更加接近自己的终极目标。

2. 把惰性花在必要的地方，也是一种进步

北大是"学霸"频出的地方，很多人会以为北大学子除了读书、学习专业之外就没有什么特别的娱乐了。其实不然，北大学子比任何人都懂得时间的重要性。或许在北大的四年远没有二三流大学的四年过得轻松，但是北大学子并非没有娱乐，并非不会偷懒，只是他们把惰性花在了必要的地方而已。

就像爱因斯坦小提琴拉得特别好，杰斐逊除了是《独立宣言》的起草者，还是著名的探险家一样。北大学子除了学习，还会在学习累了之后，把时间花在确立广泛爱好这个层面上。他们会进行音乐、舞蹈、运动以及不同领域的娱乐。这固然没有KTV里撕心裂肺的高唱叫人情绪高涨，可是，这样的娱乐，本身也是一种进步，能让他们成为一个专攻特长、兴趣广发的多面手。

北大思考题：

一天，一位女学生走在燕园，手持一把雨伞，而当时阳光十分明媚。经过的一位教授意外地问了她一句:"你每天都带着雨伞吗?"

女同学肯定地点点头,教授笑了。

这是为什么呢?

因为,在很多人的心目中,下雨天才需要撑雨伞,但是这位同学不同,她每天带着雨伞出门,是因为她懂得未雨绸缪。天知道什么时候会下雨呢?与其让自己在雨水中彷徨,倒不如时刻准备着雨伞来得实际一点。人生路上,总有各种突发的变故让你手足无措,除非你时刻有一颗"I am ready"的心。

握住心中的"火团",谨记自己的执着

北大箴言:

每个人都争取一个完满的人生,然而,从古至今,海内海外,一个百分之百完满的人生是没有的,所以我说,不完满才是人生。

——季羡林

一个电视台节目曾经以调查形式采访了1 000名应届毕业生,采访中发现,超过八成的年轻人会讲述"将来想要做什么"以及"计划做什么",但是只有低于一成半的年轻人告诉记者"正在干什么"。于是,记者巧妙地先访问被访者"目前从事的工作",再以分部计划为切入,引领年轻人讲出自己的梦想。

记者发现,很多年轻人正在埋头所做的事情,可能和他计划想要成就的目标完全不相干。而且,很多受访年轻人在讲述目前正在进行的工作时,都表现出了埋怨和不满情绪,他们将更多的精力投注在工作中所遭遇的问题上,有的则是把大量的时间花在观察和批评他们的同事上。

这次采访调查发现,每一个年轻人身上都背负着目标与梦想,而各种事先无法预计的因素正在不断地影响年轻人的信念,蚕食他们的心智。通俗点讲,那就是年轻人在社会的混沌中,慢慢被磨蚀了。但是,从这个负面影响分析,我们也可以看到希望,那就是年轻人的不满和埋怨,这些不满和埋怨预示着他们背后不为人知的"秘密武器",因为每一个年轻人实际工作技能的背后,都隐藏着一套截然不同的才能,当他们的工作技能无法得到满足、无法得到认同的时候,他们很可能毫不犹豫地使出潜藏在背后的武器,成就不一样的生活和人生,而指挥这一切的则是年轻人的执着与信念。

1868年，蔡元培出生于绍兴一个世代经商的小康之家，他自幼聪颖好学，从6岁起就入读私塾，十年寒窗苦读一心考取功名。科举考试的攻坚战自然是枯燥的，但是好学的蔡元培用了巧妙的法子来调整自己的心态。他不将读书看成是科举的必需品，反而将饱读诗书看成是自己成才的必经阶段。因此，在其他同龄人咬紧牙关，觉得金榜题名真的很艰苦的时候，蔡元培凭借着自己心中的执着，一心求学，别无他想而开拓出自己的新天地。人们专攻八股文，死记硬背地学知识，他则喜欢独自钻研和思考，遇到不了解、不明白的地方，长期挑灯夜读。最终，他成功中举，踏上仕途，开始了他平步青云的升官之路。

不过，这是不是蔡元培想要的呢？他不想，他心里的执着始终告诉他：他不是要官职，他只是想要求学问，并且让更多的人有机会求学问。于是他开办了一所新式学堂——绍郡中西学堂，引进西学东渐的思想，增设新科目，在自己不断学习西方先进思想的同时，将这些新思维灌输给莘莘学子。这让他成为了教育改革的先锋。

到1918年，已经薄有名气的蔡元培担任北大校长，他继续自己不断学习、不断创新、不断改革的思维，他在北大推行了一场史无前例的教育改革。以"思想自由，兼容并包"的办学主张，整顿教师队伍，调整学科设置，实行教授治校与民主管理，加入体育、音乐等德育学科，创办《新潮》《国民》等教育杂志，并且大力整顿当年北大学子"上北大、当大官"等腐朽思维，倡导"学生以求学为根本，教师以育人为己任"的思想，对学生考查，以学问成绩为依据，对教师挑选，不拘一格，唯才是用，使北大校风焕然一新。虽然过程中，蔡元培遇到诸多阻力，但是他始终坚守自己对"学问"的信念，最终成为中国响当当的划时代的教育大师。

蔡元培的执着告诉我们："无论何时何地，都要握住心中的火团，让这把火烧得旺盛，让信念不灭，让执着不变，这是我们成功的第一步。"

当很多年轻人二十出头，从学校校门走向社会的时候，很多人喜欢谈论自己喜欢的东西，又或者谈论自己设想中的将来。"想做"和"准备做"都是很多年轻人的口头禅，可是待三五年过去了，你再回头问问这些年轻人，

"想做"和"准备做"的事情都进行了多少,答案可能寥寥无几。

其实,年轻人是最具魄力的,也不乏梦想,唯一不同的就是对梦想的执着,以及执着驱动下的执行力,因此,不论何时何地,我们都要握紧心中的火团,谨记自己的执着,并为此不懈努力。

北大行动指南:

1. 找到让自己内心触动的执着

蔡元培成长在一个新旧社会交替的背景下,他的执着源自对学问的热爱,对思想进步的追求,就像众多北大学子一样,在一个和平的大背景下。但是在这个没有硝烟的战场上,弱肉强食的规则还是不变的。因此,北大学子明白,如果没有对进步的追求,很多人或许只能唯唯诺诺地度过一生,拥抱执着是越早越好、越牢越好的事情。

因此,无论在困难挫折面前,还是失败跌倒之时,北大学子懂得利用自己内心的执着,鞭策自己再接再厉,如果一次尝试不成功,他们会在下一次尝试中付出更大的努力,只为心中的火团越烧越旺!

2. 拥抱执着,凭借坚强的意志力实践它

诚然,在执着的驱使下,付诸实践是水到渠成的,但是倘若要梦想成真,让执着变成现实,过程中的艰辛或者不为外人道。北大学子明白这个道理,所以他们总是"执着"与"坚毅"同行。在明确自己的目标之后,有一颗不屈的心,大步向前。

艰难和困境并没有击垮北大学子,他们被激发出来的意志力喷薄而出,而为追求成功所产生的热情也如火山一样迸发着。或者,所有卓越的人都有一个优点,那就是在任何境遇下都能百折不挠,哪怕脚下满是荆棘,眼前尽是迷雾。这不是一件坏事情,反而是千载难逢的好时机,正好能训练自己的意志力。

只有练就出石头一般顽强的意志力,才能用这种意志力引导自己朝目标前进,永不放弃自己的执着,将困难迎刃而解,走向梦想的旅途。

北大思考题：

一天夜里，一位教授敲了男生宿舍的门。同学们睡眼惺忪地起来，老教授面无表情，问了一句："你觉得我来找你们，是有坏事情发生，还是有好消息宣布？"

宿舍里头的男同学面面相觑，大家开始担忧，觉得教授深夜敲门，一定是有不好的事情了，于是大家都猜疑着说："大概是有什么麻烦吧？"

其实，这是教授的测试题——半夜敲门其实并不直接等于有坏事发生，如果过于片面地将"突如其来"等同于"噩耗降临"，这无疑是悲观的。北大希望学生们多往好处想，也许是教授想请大家吃夜宵呢！

因此，面对不期而遇的变故，我们始终应该乐观对待，坚持自己的执着，这样才能有助于我们靠近成功。

"刻苦、再刻苦",不指望天上掉馅饼

北大箴言:

古语有云:"尽人事而听天命",首先必须"尽人事",否则馅饼决不会自己从天上落到你嘴里来。

——季羡林

在很多年轻人眼中,考入北大本身就是一件很了不得的事情,可是就读于北大的莘莘学子们可不这么认为,因为他们知道,大部分最终成功的人,都是懂得坚持的人,考入北大不过是起点,不过是刻苦换来的成就,今后,所需要付出的刻苦还有很多。

确实,学习之于人生是一件自我充实、自我提升的活儿,如果连学习都抓不牢,成功和进步根本无从谈起。然而,放眼现在的很多年轻人,在青春花季中总是"三分钟热度",攻坚克难一阵子,立马就松懈了,这样是很难成事的。因为追求是一个过程,迈出了勤奋刻苦的第一步,只是代表你的开头走好了,并不代表你的前途已经一片光明,千万不可指望一时半刻的勤劳能为你换来什么成就,这不过是你人生长河当中的一小片急流罢了。要想获取成功,你必须刻苦、再刻苦,不能指望成功从天而降。

2008年,山东学子孙伟成功考上了北大,在同学们心目中,他是品学兼优的好学生,以优异的成绩考上北大是理所应当的,不过孙伟自己并不这么看。

当大家都为这位高考状元喝彩的时候,孙伟却道出了自己与别人的差别:不过就是稍微勤奋刻苦一点点,别无其他。此话一出,固然让不少同龄人哗然。不过这是真的,孙伟并不是天资聪颖的类型,也不算智商过人,他只是

懂得利用时间。按孙伟自己的话说，他从高二开始便意识到"善于学习好同学的刻苦"是多么的重要。

当年，他们班上有一个女同学，每天早上5点起来看书，晚上总是到了关灯之前才肯把书本放下。于是，孙伟便向这位刻苦的女同学学习，甚至和她比赛。女同学5点15分准时出现在操场上看政治书、背单词。渐渐地，孙伟也把自己的生物钟调过来，每天准时5点15分，到操场和女同学"并肩作战"。后来，竞争意识上来了，孙伟更刻苦了一些，他争取每天比女同学早十来分钟，多背十来个单词。于是，孙伟经过长期的刻苦，成绩挤上了省内的前沿，并且他毫不懈怠，继续努力，终于考上了北大。

像孙伟这样的"学霸"，在湖北省也有一个。2011年，魏钰明以湖北省文科第十二名的成绩考入了北大。不过消息一传出，大家都十分惊讶，因为在此之前，人们并没有期望他能获得如此佳绩，老师们都认为他是一匹"黑马"。当然，用"黑马"来形容魏钰明其实是不公道的，因为他并非意外跑出好成绩，而纯粹是努力使然。

在老师们都把期望放在好学生身上的时候，魏钰明没有放弃自己，他在人们背后付出了极为巨大的努力。高三那一年，魏钰明私下用功，每天只休息4个小时，除此之外就是上课学习和课后复习。高三寒假的一个月时间内，他没有休息、没有旅游，没有参加高考进修班，他窝在家里，高效地完成了学校布置的任务，坚持每天做7套高考考前训练题。一个月下来，他比别的同学多做了200多套题，凭借着他刻苦的狠劲，他成功考上了北大。

从孙伟和魏钰明这两位年轻人的刻苦中，我们可以发现，纵然并非每一个刻苦的人都能进入北大，但是进入北大的人必然有刻苦的影子。因为，成功本身就是由勤奋、刻苦和永无止境的坚持所练就的。

因此，不要妄想天上会给你掉下来一块又大又香的馅饼，这是不可能的，要想吃到馅饼，那得依靠你自己的双手去打造。你有多刻苦，你有多坚韧，你的馅饼就能有多大。所以说，今天你所浪费的每一点时间，你所保留的每一点精力，往后都会成为你成功路上的遗恨。不想失落成功，不想拥抱遗恨，就请记得一定要刻苦、再刻苦一些。

北大行动指南：

1. 和别人竞赛，逼着自己去刻苦

我们有时候不免会调侃"学霸"这个角色，觉得北大学生已经学到了"走火入魔"的境界，可是他们怎么会乐在其中呢？其实，北大的"学霸"都是被逼出来的，以医学部的学生而言，在众多学习科目中，有"四大名捕"这么一说，说的是四门挂科率极高却对医学专业非常重要的科目。为了顺利通过这四门科目，考取好成绩，同学们纷纷创立出属于自己的攻坚克难的方法。一旦一个同学利用好的方法获取了进步，别的同学就会仿效，进而加以改良和创新。

就像一把武器的设计一样，学习的招数越演变就越狠，因为大家都追求更好，所以一种方法比一种方法更艰辛。那么，北大学子们也难免一个比一个刻苦。这是竞赛的精神，也是竞赛的含义，懂得利用竞赛和竞争来让自己吃苦耐劳，来让自己变得更加坚韧不拔，其实是北大学霸最聪明的做法。

因此，我们在生活中也要有所领会，对待工作、学习和生活，不要光盯着自己看，有的时候还得看看周围的人到底是怎么做的。别人愿意耗一个小时去钻，那么，就值得你花两个小时去啃，只有这样，你才能先人一步。

2. 在刻苦奋斗的同时，要懂得自我总结

刻苦，不等于埋头苦干不问世事，在刻苦的同时，要善于总结。这点，北大学子做得很好。在北大校园内，你很少看到散漫的景象，大家的脚步要么很急促，要么很缓慢。脚步急促者，是在赶往刻苦的路上；脚步缓慢者，是在思考自身刻苦的成果。我们知道，当你花时间去做一件事情的同时，这个过程本身会产生一定的后果，从成功学上讲，这是时间、成果和效率之间的比例。

北大学子认为，成功就像一道函数公式："$y=ax+b$"，"y"代表的是成功，"a"代表的是动力，"x"代表的是效率，"b"代表的是刻苦。刻苦是必然的，但是影响成果的因素还有很多，比如效率，到底这种学习方法的效率是高抑或低？高者，则是需要继续刻苦坚持的，倘若效率低，则最终会影响成效。因此，在刻苦的基础上，北大学子会不断对自身的努力进行总结，力求找到时间成本最大、动力最强、效率最高的刻苦方式。

所以说，大家千万不要误会，刻苦不等于一条道走到黑，刻苦是一种精神，不是一个简单的过程。因此，在努力的过程中，我们必须时刻审视自己的方法，找到最适合自己、最实用、最高效的奋斗方程式。

北大思考题：

在开学的第一天，文学院的老教授在开讲前问了同学们一个简单的问题："从大一算起，你希望自己在读完北大的四年之后，变成什么样子？"

学生们众说纷纭，其中一位学生举手说："我希望自己能成为学术界的新鲜血液。"有的说："我希望自己能成为一名浪漫的诗人……"

其中，只有一名学生说："大一这一年，我希望自己读通中国古代文学；大二的时候，我希望对新文化有深入研究；大三那年，我希望我能做好中西文化研究的项目；到了大四，我希望自己能顺利完成毕业论文。"同学们听了，觉得这位同学没有大志。

"真的这样吗？"老教授听了这位同学的答案，鼓掌了。

很多时候，目标是遥远的，能否达到目标，关键在于你有没有将目标具体化、精细化，而最后的这位同学做到了。

用无比的坚韧，走自己的路

北大箴言：

一个人的一生主要精力应放在学问和事业上。

——张岱年

"龙生九种，各有不同"。口才极佳的人，能雄辩滔滔，善于讨论，极有可能发展成外向型的公关、演说人才；沉默寡言的人，或者善于思考，别具逻辑，能有效推论、分析和总结……总而言之，在不同领域，你都能找到成功的标杆。但是，每个人都有自己的性格、自己的执着和自己的目标，在我们看到别人成功的同时，也应该看到自己与别人不同的一面。切忌不假思索地盲目模仿，这样很可能"误入歧途"，白费了气力。

因为，我们每个人都是独特的，我们所做的努力不同，属于我们的舞台亦有所不同，然而，在通往成功的路上，总是充满着诱惑，扰乱我们的心。正如猴子捡了芝麻丢了西瓜一样，如果我们目标游离随变，三心二意的话，很容易得不偿失，走向不适合自己的目标，努力白白浪费，最终还和自己的目标失之交臂。因此，我们要分辨出属于自己的路，坚韧不拔地走下去。

王子云是毕业于北京大学医学部的硕士研究生，他本科毕业的时候，正值金融危机，在大家面临"招工难"问题的时候，他所在的就业保障率极高的医学部为他争取到了去多家大型医学机构上班的机会。当时，家人都觉得王子云要走运了，他将成为一名优秀的医师。可是，面对高薪厚禄岗位的吸引，王子云竟然拒绝了。

他认为，经过SARS一役，公共卫生以及预防传染病传播等方面很重要。

第一章 北大，是你的起点而不是终点

他的家乡在偏远的山区，公共卫生及疾病预防体系都十分薄弱和落后，他决定继续在北大医学院读研究生课程，主修公共卫生学院的劳动卫生和环境卫生学课程。这个课程于当时，在中国公共卫生体系尚未健全的大环境下而言，是十分冷门的，可以说，走出北大的校门，知道这个学科的人并不多，聘用这个领域毕业生的机构单位更是冰山一角。而且，从学习上讲，比起临床医学，真要把这门课程学透也是难上加难的。临床医生再难，终究有动手、了解和研究的机构。相反，公共卫生领域很多时候只是纸上谈兵。如何学得好、学得实用，是个大问题。为此，王子云坚定自身的信念，相信自己的选择，并努力为之奋斗，在了解了所有"纸上谈兵"的理论之后，他大量走访全国各地的案例，去观察、了解和分析公共卫生层面的相关知识，针对我国医疗资源分布不均的情况进行了扎实的深入研究。

过程中，来自方方面面的压力都很大，不少本科班上的同学已经成为了大型医疗机构的骨干，而王子云还在踏破铁鞋地遍访落后地区。家人们对他更是不理解。但是，面对诸多压力，王子云都是一笑置之，闷头闷脑地开展自己的公共卫生研究。最终，他以优异的成绩成为了北大医学院硕士毕业生。

毕业后，他没有留在北上广等大城市，而是回到了经济基础薄弱、人员组成复杂、公共医疗体系落后的云南小镇，扎根在那里，继续自己完善中国公共卫生体系、让全民树立起传染病预防意识的梦想。

从王子云的奋斗中，我们可以看到，很多时候，努力很重要，坚持很重要，但是明晰自己的方向再为之努力才是最重要的。做人不能随波逐流，要有心中所想，为理想所付出的努力更是如此。试想一下，我们每个人每天都仅有24小时，如果你把时间花在做无用功上，那该是多么浪费的事情？

所以说，在努力之前，认清自己的方向，找到属于自己的道路，再拿出无比的坚韧，才是实现梦想的最佳桥梁。

北大行动指南：

1. 要特别关注自己的优点，找准长处

在纷繁的社会洪流中，形形色色的成功例子总是层出不穷，但是看到别

人的成功，我们不能过于心痒和冲动，我们要经常问问自己，我的长处是什么？我的优点有哪些？比尔·盖茨能成为IT界的国王，是因为他喜欢这玩意儿，忠于这玩意儿，并且擅长于此；摩根作为金融帝国的大鳄，之所以能站到顶峰，也是因为擅长于此。北大学子十分明白这个道理，他们不会对自己不擅长、不喜欢、不在行的东西倾注过多精力，因为，这无疑是浪费时间。

正如，北大校园内自然不乏爱跳舞的一群女学生，可是她们只会将跳舞看成是娱乐和自我丰富、个人提升的业余爱好，而不会将全部心力付诸舞蹈研究上，也不妄图会比北京舞蹈学院舞蹈系专业的学生跳得好。这是一个认识问题，也是一个能力问题。她们知道，对自己的认识有多深厚，很多时候能决定你和成功之间的距离。越了解自己的优势，越容易发挥所长，实现属于自己的成功；相反，连自己的所思所想都不清楚，盲目跟风，白白努力的人，很容易陷入周而复始的精力浪费中，难以自拔。

所以，认准自己的优势和长处，走属于自己的路，这是很关键的。

2. 一旦认清路向，务必坚持到底

无论是舞蹈家、音乐家、政治家，乃至成功的篮球明星、足球名将，纵然所属的范畴领域不同，成功者表之于外的形象不同，不论他们是嬉笑怒骂还是严肃认真，背后其实都是由"坚韧"所铸造的。乔丹不是天生而来的篮球名将，毛泽东不是命中注定的无产阶级革命家……所有的成功者之所以成功，是因为他们在路上用无比的坚韧将对手比了下去。

北大学子明白这个道理，因此，一旦他们认定了目标，就会近乎"执迷不悔"地坚守下去，曾经有一位北大法学院学生，渴望成为出色的律师，除了像常规法学系学生那样艰苦奋斗，通过司法考试，考取律师职业资格之外，他为了自己的梦想，还创立了十分有趣的学习方法。他每到夜晚，复习完之后，会看电视剧，国内外和律师相关的剧集他都看了又看，到了早上，又到校园内僻静的角落里看书。每天早上预留15分钟时间，让自己模仿剧集里面的律师，为自己进行角色代入，针对课本上的知识设计情境，自个儿雄辩滔滔，训练口才。就这样，他坚持了七年，毕业后，成为了北京某大型律师事务所的首席律师。

可见，目标的实现和坚持、坚韧的付出是成正比的，你或许不必连续七

年和自己辩论，但是，必要的坚韧，请你务必要坚守。

北大思考题：

曾经有一名准北大学生，在参与面试的过程中，教授很随意地问了他一句："你为什么要考北大？"学生不假思索地说："因为北京大学是我国最高学府，这里有优质的教学资源，有最好的学习设备，是育人成才的好摇篮……"

学生洋洋洒洒，一口气长篇大论地说了很多赞美北大的话，可是这位考生最后能否顺利通过面试呢？

答案是：有点难。

因为在北大的眼中，"北大"只不过是一个平台，它最渴求的，不是慕名而来的倾慕者，而是执着于自我梦想的守望者。因此，如果学生答的是："因为我想通过北大实现我的梦想"，他就能获取100分。

第二章
北大教你:沉住气,才能得到胜利

时刻记住,笑到最后才是胜利

北大箴言:

走运与倒霉,表面上看起来,似乎是两个绝对对立的概念。其实,两件事情是紧密联系,互相依存,互为因果的。

——季羡林

中国有一句成语:"匹夫之勇",专门用来形容一些沉不住气的人,一旦遇到别人的挑衅和责难,就会以"人争一口气,佛受一炷香"的思维,和对方一个劲地纠缠,甚至打斗,这样的话,只能称之为"莽夫"。因为,真正的竞争,不是一时三刻的,更不是脑门儿一热的争斗,真正的竞争,是一种长期性的拼能力、拼耐力、拼后劲的漫长斗争。就像跑马拉松,最后夺冠的,往往不是那个一起步就遥遥领先的人,而是在马拉松队伍中,不起眼、不惊人,可是内力十足、后劲充沛的人。

这就是我们所说的:"笑到最后才是胜利",因此,面对一时半会儿的高潮迭起和低谷盘旋,不必过于计较,目前你可能落后了,可是这不代表你会永远落后,你要争的,不是目前的成功,而是最后的胜利。因此,我们一定要沉得住气,禁得住打击,成为笑到最后的人。

任继愈是和张中行、季羡林齐名的"北大三老",他出生于山东一个四世同堂的大家族。他自小离家求学问,在当时,整个家族的人都觉得他有点不可思议,富人的孩子,有家教老师,在家里的私塾好好学习便是了,为什么要离家?当时的兄弟姐妹都不离家,可是任继愈有自己的执着,就是忠于毕生渴求的知识。

终于,他在1934年,凭借自己的努力考入了北大哲学系,五年后又考入了西南联大的研究生学院,毕业后,他在1942年便已经回到北大哲学系任教了。这样的生活经历在我们看来是波澜不惊的,但其实,任继愈的人生内藏暗涌。因为,他修读的是哲学,告别了封建社会,进入民国时期,人们对哲学是有需求的,市场广阔。不过,任继愈并没有如当时的社会洪流一样,过于专注西方哲学,而是侧重宗教。

这个研究领域,在当时并不受欢迎,因为从新文化运动至新中国成立,大家都在倡导"无神论",凡事求科学,宗教总被人冠以旧封建社会的色彩。但是,任继愈不随波逐流,经历过20世纪最动荡年代的他了解到,世纪激荡的同时,人的价值、社会的发展方向以及中国走向现代化的轨迹也是非常值得探索的。于是,他不管别人怎么说,也不管学者们怎么看,以超乎常人的兴趣和经历投入到神学、中国哲学中去,写出了《汉唐佛教思想论集》《中国道教史》《宗教大词典》等神学范畴的著作。并在北大致力推行宗教学科教育,筹建了国内第一个宗教研究机构——中国社会科学院世界宗教研究所,开创了大学宗教教育的先河。

最终,他的坚持为自己带来了成果,他的成就被毛泽东誉为"凤毛麟角"。

从任继愈的部分人生经历中,我们可以看到,很多时候,成就不是目前的、暂时的,要想最终成功,首先要有忠于自己的决心,学会沉得住气,醉心所想。或许,眼前有不少人比你成功,他们趾高气扬,他们不可一世,但这根本不重要。对我们来说,重要的不是过程中的成败、起点的高低,而是最后达到终点时的高度,只要我们能在将来胜过对方,比对方站得更高、看得更远,只要我们能不争一时争一世,那样我们才能换取更大的成功。

而要做到这点,我们就要懂得坚守和沉着,运用"笑到最后才是胜利"的心态自我调节,为将来的动能迸发储蓄必备的能量。

北大行动指南:

1. 训练自己的自制力

很多时候,"争强好胜"是将实力表露无遗的罪魁祸首。当然,实力的展示不是问题，关键在于一旦过于争强好胜，很容易坠入随心所欲的旋涡中，不能自拔，这样会容易使年轻人形成短视、好强、偏离既定规划的恶习。北大学子很清楚这一点，因此，他们对于自身自制力的训练和培养十分重视。他们懂得厚积薄发，不会为一时失意而失落挫败，也不会被一时的成功迷惑了双眼。不以物喜，不以己悲，淡定看风云，稳步迈向前，用暗里使劲的恒心博取最后的胜利是他们最终成功的秘诀。

2. 不让"好胜"成为脱缰的马

正如上面所言，好胜容易使人迷失，使人穷极全力去追求不一定适合自己的胜利和目标，因此，北大学子在自制力培养的基础上，会全力压制自己的"好胜心"。当然，我们经常说，好胜有时候可能是一种动力，是融入竞争社会必备的能力，只有勇于胜利、渴求胜利，人才会变得不一样，这个说法不错。但是，好胜心的拿捏要非常好，讲求一个恰当的度。有好胜心是可以的，但是切忌让好胜心成为脱缰的马，任由好胜心支配自己的行为。

3. 不必过于自负

自负，是对自我能力的一种肯定，有时候是驱动我们前进的催化剂。但是，在很多情况下，自负所引发的结果是不良的。因为自负，我们可能经不起一时的失败；因为自负，我们甚至无法容忍暂时性的落后。北大学子在这个点上做得很好，哪怕站在最高学府的地面上，他们依旧将自己看成是初生的牛犊、什么都不懂的空白海绵。因为他们知道，自负的人难以看淡得失，经不住风浪，过于自负容易使自己失去持续发展的动力，进而走入"不蒸馒头争口气"的循环中，终日自负地追求短暂赛果，忽略长远竞争规划，只能得不偿失。这样，自负便会成为阻碍自己前进的绊脚石，表面上虽然获胜了，崭露头角了，可是实际上却浪费了不少"内力"。

北大思考题：

一位北大中文系的退休老教授曾经在毕业答辩上，问了他自己的博士研究生一个很简单的问题："你觉得你的将来有没有希望？"

博士研究生大声地说："我觉得我的未来充满希望。"

老教授笑了笑，一周之后，这个学生获得了老教授给予的"优秀"评级。

其实，这是一个心态的考验，如果觉得自己将来是一个未知数的，那么这个人可能会对自己的道路不明确；相反，如果学生觉得未来充满希望，那么他定必会在过程中满怀热忱地拼搏。所以，未来是否充满希望，关键不在未来本身，而是在于你对自己未来的预设，并且为之所付出的努力有多少。

学会理智地调控自己的一言一行

北大箴言：

不掩人之功，不掠人之美。

——邓广铭

生活中，大家都渴望成功，但是顺利站到金字塔顶峰的人少之又少，使人不禁思考，为什么成功者和平庸者之间有如此大的差距？其实，成功和平庸本是一步之遥，关键在于你是否懂得管理好自己。

管理好自己，你就有机会成功，但是管理不好自己，你成功的机会就微乎其微。因为，成功者必须具备诸多能力，如果连自己都管理不善，管理别人、管理事业就更加无从谈起。因此，想成功，想实现目标，我们首先要从自身抓起，管理好自己的一言一行，不为得失成败而撕心裂肺，不为一时成就而乐极生悲。

这是一个道理，更是一条死律，早在春秋时期，老子曾说："胜人者有力，自胜者强。"说的是，我们如果战胜别人，那么只能说明我们有力量；相反，如果能战胜自己，我们才是真正的强者。战胜自己的表现有很多种，其中最首要的就是学会控制自己，让自己保持理性，让自己的一言一行合乎所想，不会失控。我们都是有情绪的人，面对失败我们会悲伤，面对气愤的事情我们会恼怒，面对短暂的成就我们会欢喜若狂，大家都一样，我们的大脑构造并没有什么不同，可是要想成功，就得在大家都拥有的常规反应下学会克制自己过激的情绪和行为。通俗一点讲，正如我们生活中常见的"酒后胡言"。酒醉之后，意识薄弱，自制力变差，我们会胡言乱语，发泄自己当时的情绪，可是当我们酒醒之后，十有八九会为之悔青肠子。

对于别的言行也一样，哪怕不是在酒醉的情况下，很多时候一时冲动言语过激，行为过于急躁，产生的后果也是一样的。因此，为了避免在失去理性的时候做出让自己追悔莫及的举动，我们在生活中就要有意识地用理智调控自己的一言一行。

雷声，我国现役的著名击剑运动员，世锦赛冠军，同时还是北京大学新闻与传播学院广告学专业学生。

在伦敦奥运会上，他夺冠后摘下面罩高声呐喊的激情一幕，深深印在了广大观众的脑海中，或许，很多人会认为他是一位热情四射、斗志激昂的小伙子。不过，经常与他擦肩而过的北大学子都知道，其实，雷声在生活中是一个沉稳安静的普通学生。

在学习生活中，他懂得管理和处理自己的情绪。身兼北大学生和国家运动员两职的他，深深明白自己作为公众人物，一言一行既关系到北大形象，也关系到国家队形象，因此，他在文化课学习上，从不搞特殊。

曾有很多人认为雷声是混文凭、只挂个名的北大学生，殊不知，他是如假包换的优秀学子。大学期间，他从没有挂科记录，遇到自己不懂的科目，他没有退却，没有害怕，如果花在训练上的时间多了，他就熬夜补功课。比如，面对痛苦的高等数学，他虽然基础比较薄弱，却从来不会摆出学不学都行的姿态，反而更加用功，别的同学看在眼里、记在心里，以此激励自己更加努力。

别小看雷声的刻苦用功，其实这是一门必修的情绪课，每个人的命运不尽相同，有的人起点高，有的人起点低，起点高的人容易摆出"驾轻就熟"的老练姿态，而起点低的人很容易"自暴自弃"，无论是哪一种，都是一种情绪，都会影响我们的言行。透过这些言行会折射出一个人的心态。

综上所述，雷声是具备优良心态的，面对薄弱的科目，他不会放弃，而是奋勇直追；而面对自己强项的运动科目，他也丝毫不骄傲，谦虚做人。哪怕是在获奖之后，面对同学们欣赏和羡慕的眼光，雷声依旧秉持平常心，在平常的一言一行中力求淡然。

也许，并非每一个人都是世界冠军，也并非每一个人的一言一行都会引起万众瞩目，可是言行是我们表现自我水平和能力的最佳方式。因此，在成功之前，我们一定要学会管理自己，管理好自己的情绪，用理智去调控自己的言行。

北大行动指南：

1. 生气的时候，缓三秒再说话

生活中素有"出口伤人"的说法，意思是，很多时候伤人的话好比暴力，甚至超越了暴力，会对别人造成伤害。其实，我们每个人都有怒不可遏的时候，越是这种时候，我们的理性流失得越快，大脑一充血，嘴巴可能就会说出让人受伤的话语了。面对这种情况，后悔药是没有效的，要想避免这些语言暴力行为的发生，我们首先要懂得未雨绸缪，越是生气的时候，越要缓缓再说话。在北大情绪课上，北大学子学会了一个好办法，那就是，当你觉得生气的时候，先闭上嘴巴，缓三秒钟或以上再说话。别小看这三秒钟，这也许会成为你恢复理智的关键时刻。

2. 学会忍耐，做事抱着平常心

在人生路上，我们会遇到各种不同的事情，不安的、愤怒的、哀愁的、不公的……面对不同的事件，我们心中的执念很容易一触即发，一时冲动会做出让自己后悔的"傻事"。北大学子很清楚这一点，所以他们懂得运用自己的平常心，学会忍耐。所谓"百忍成金"，很多事情，其实只要我们忍一忍，待心情平复后再重新审视，我们就会发现当初的冲动是多么的可怕。

北大思考题：

一位北大老校友回母校餐馆，发现几个年轻的北大学子正结伴同行，准备外出旅游。老校友问了几个年轻人一个问题：假如你和朋友在森林中，无意中发现了一座建筑物，你会希望它是小木屋、大宫殿、坚实的城堡，还是一座普通的平民住家呢？

如果是你，你希望是什么？

A. 选择小木屋的人，是充满浪漫情怀的，他们会宽容待人，对待事物会秉持一颗平常心；

B. 选择宫殿的人，相对追求完美，遇到不满意的事情有可能会爆发脾气；

C. 选择城堡的人，自我保护意识很强，遇到不称心的事容易冲动；

D. 选择平民住家的人，相对功利，在事情发生的时候，他们能"见风使舵"，善于调整自己去适应事物发展中的无尽变化。

100次跌倒，101次站起

北大箴言：

我认为，应当恐惧而恐惧者是正常的，应当恐惧而不恐惧者都是英雄。

——季羡林

学过溜冰的人都知道，如果不经历跌倒再爬起来、爬起来再跌倒的过程，是无法学会溜冰的。在生活和工作、学习当中也一样，我们总会遇到不同的困难，有解不开的数学谜题，有难以理解的文字游戏，也有各种不顺心和不如意。但是，如果我们摔倒了，怕被别人知道，就放弃的话，我们永远都学不会。

因为，一旦遇上了难题和挫折，我们不面对、不想办法克服，只是一味选择逃避的话，那么这道难题，永远都是摆在我们面前的难题，突破不了。爱默生曾经说过："自古以来，成功的人身上都有一种特质，那就是面对困境时表现出的坚强意志，不管环境变得如何恶劣，不管身边有多少麻烦，他们都愿意面对和克服。"

事实就是这样，很多人都曾经跌倒，曾经陷在淤泥当中，难以自拔，如果我们不去挣扎，不重新振作的话，我们就会在淤泥中越陷越深。

因此，我们应该学会面对困难，并全力克服它，克服了困难，重新站起来，你才会发现自己的潜能。

毕业之后去卖猪肉而闻名的北大毕业生陆步轩就是这样一个典型人物。人们都认为，北大毕业等于平步青云，而陆步轩却偏偏是一个例外。

想当年，陆步轩还是以长安文科状元的优异成绩考入北大中文系的。当然，毕业之初，陆步轩也被不错的单位录用了，他被分配到长安柴油机厂工作，可是在厂内的工作犹如"温水泡青蛙"，不死不活，没有太大的发展，只能填饱肚子。这与陆步轩的梦想距离甚远，原先踌躇满志的他，面对生活的平庸，感觉到落寞，到底是一辈子在工厂中安稳度日，还是轰轰烈烈地干一番事业呢？

陆步轩最终选择了下海经商，他于1999年在长安开起了"眼镜肉店"。这是个不错的起步，可是在别人眼里，他有点糟蹋了北大的文凭。而陆步轩心里也不好受，他总觉得自己拿着北大的毕业证，沦落到长安街头卖猪肉是给母校抹黑了，哪怕是下海经商，也应该做点风光的行业。不过，陆步轩读的是中文，自己手头的资金也不充裕，要做大型的文化产业公司，或者做专业技术型的公司，恐怕是比登天还难。没办法，为了生计，陆步轩最终选择了开肉店，卖猪肉。

不过，哪怕是生意红火起来了，陆步轩的心里也从不踏实，开店几年，随着店面生意越做越好，他这个北大才子终究还是被媒体发现了。2003年，《南方都市报》就对他的经历做了详细报道，报道名为"北大才子街头卖肉"，陆步轩的人生从此发生了变化，人们开始将他的特殊身份进行主动代入。以往不了解他，都当他是普通的卖肉人，现在，由于媒体的报道，大家都知道他是北大毕业生，似乎都在用有色眼镜看他。

陆步轩一下子觉得自己对不住母校，也觉得脸面挂不住。经历了好些日子，他才接受了"北大才子街头卖肉"这个身份，一门心思地好好干，还打算开连锁猪肉店。不过，随着他的声名大噪，大家被他这份决心所感染，他最终被县政府的县志办录用，成为了县志办的编辑。

陆步轩的故事告诉我们，考上北大，只证明了学习成绩好，这不过是人生一个很小的方面，不能说明自己将来就有足够的能力在社会上立足。要想在纷繁的社会中找到属于自己的立足之地，首先要厚着脸皮，不要娇气，也不要经受不了挫折。

所以，失败和挫折，其实是不可怕的，相反，它们很可贵，因为失败和挫折能够赐予我们重新站起来的勇气，帮助我们发现不一样的自己，一个更好、更坚强的自己。因此，我们要抱着一种积极的态度去看待失败和挫折，跌倒了不要紧，只要重新站起来就好。

哪怕是跌倒100次也没关系，只要能第101次站起来，你就会更加接近梦想和成功了。

北大行动指南：

1. 正视挫折，别找借口

很多时候，我们遇上麻烦和挫折，总会给自己的失败找借口，比如，当一个团体研究项目最终失败了，我们或者会归咎于组员的不认真、数据收集出错等。不过，北大学子很少会这样做，因为他们知道，失败是没有借口可言的，失败就是失败。还是以研究项目为例，哪怕是组员没把数据验证清楚，作为团队的一份子，你也有责任对相关工序进行核实。因此，北大学子不习惯将责任和错误归到别人身上，他们更善于总结自身的问题，从自己的不足出发，寻找让自己战胜挫折的方法，重新站起来，再接再厉。

所以说，面对挫折，如果我们不正视，只会找借口，那么挫折永远都会像无法痊愈的伤疤一样隐隐作痛。相反，如果我们正视挫折和失败，善于总结，那么挫折就会成为一次有利的经验教训，推动我们不断向前。

2. 战略上重视"挫折"，战术上轻视"挫折"

如果你曾经被割伤过，当你每天翻着伤口看，会觉得这个伤口特别痛，愈合得也特别慢；相反，如果不去在意伤口，也许疼痛会稍微"轻"一些。在心理学上，这是一种注意力转移的战术。对待挫折也是一样，我们必须在战略上重视挫折的反作用力，善于从挫折中吸取教训；但另一方面，在实际前进中，我们要懂得从战术上轻视挫折，通俗点说，就是在正视挫折的基础上，别太在乎自己曾经受到的失败和挫折，学会重新站起来，不要将一时的挫折不断放大，要懂得转移自己的注意力，别盯着失败的伤疤自怨自艾。

北大思考题：

课堂上，北大教授问在座的100名学生："如果你要乘坐客车到郊区游玩,中途有一段必经的崎岖山路,不过据说这个司机在不久之前曾经因为疏忽而发生轻型交通事故,受到了处分,你还会坐他的车吗?"答案是三选一:坐;不坐;不确定。

其实,选择"坐"的同学,那是有胆识、敢于冒险的人;选择"不坐"的,可能缺乏突破自己的动力,但是他很明确自己喜欢的是安稳和安逸;选择"不确定"的同学,相对麻烦一点,他们也许还对自己的将来不大明确。

难过的时候请记得微笑

北大箴言：

我在茫茫人海中，寻找自己灵魂之唯一伴侣，得之，我幸；不得，我命。

——徐志摩

正如电影桥段中的各路英雄一样，在成为英雄之前，他们总是跌倒过无数次，也努力过无数次，最终，以死不认输的顽强精神战斗到底，才能成为脍炙人口的英雄。

生活中，同样如此。著名科学家爱因斯坦，在成为伟大的科学家之前，曾经被人取笑为"智力低下"，连老师都说他连一张小板凳都做不好。但是，爱因斯坦从未放弃，四五岁才学会讲话的他，依然凭着自己克服困难的勇气，成为了最具影响力的伟人。

在漫长的学习过程当中，我们总难免会遇到各种各样的"坎儿"，成绩上的落后、生活上的失败和职场比拼中的失利，都会成为影响我们心情的负面情绪。有的人会被这些不顺心的事情困住脚步，甚至会因此陷入低迷状态。但是有的人则能重新振奋，将这样或那样的不顺心转化为不断进步的"正能量"。

造成这种两极差距的关键，就是我们的心态——面对让你难过的现实，你选择笑还是哭。

周辅成是我国著名的学者，他基础扎实、融通中西，对于印度思想和文化研究尤有建树，可以说是中国近代史上难得一见的稀缺学者。不过，他并不如主流学者一样备受追捧，人生漫漫数十载，学术路上半世纪，他一直被排斥在教学体系之外。但他并没有因此而放弃自己的执着。

出生于四川的周辅成，在成都大学念了两年本科，便以优异的成绩转入清华大学哲学系当大学三年级的插班生，顺利完成研究生学业之后，辗转浮沉，在北大哲学系当了教授。

在北大教授哲学的几十年，他远不如季羡林、任继愈等学者名气大，也很少在媒体上露面。由于他追求浩然独立的人格，常常因为自己的良知而与主流势力的意见相悖，被冷落在一边，被北大这个喜欢热闹的权威小社会所刻意遗忘。应该说，因为周辅成的性格和学术范畴的既定，他的一生，并不会引来太多掌声。但是，他没有放弃自己的追求，亦没有随波逐流地进入主流意识中博取功名，面对不被理解的难过，他只有微笑，微笑着，低头钻研，继续专注于自己的学术领域，专注于自己所钟爱的一切知识。

作为中国伦理学科的重要奠基人，作为我国人性论和人道主义的倡导者，作为北大哲学系的资深教授，其实，周辅成是无比出色的，他所编撰的学术著作，为我们提供了宝贵的自身资源和思想火种，这些都是不可抹杀的。所谓"前人栽树，后人乘凉"，或者，周辅成先生难过的是不被理解，而快乐的正是他始终坚持走下去，为专业领域研究者提供了他毕生所学之精华。

所以，周辅成先生是快乐的。

生活就是这样，我们的理想总是无尽丰腴，而现实有时却极为骨感，毕竟我们的渴求和现实的状况始终有一定的差距，面对这样的差距，我们会沮丧、会难过，甚至会自我放弃，这是人之常情，也是生命必经的环节。不过，成功者与平庸者的差距就在于此，有能力成功的潜质股，越是在难过的时候，越懂得利用微笑和积极、乐观的心态化解自己心中的郁结。"自暴自弃"不会出现在成功者的词典中。

所以说，我们面对困窘，面对残酷的现实时，也要懂得微笑以对，用一颗相信"明天一定会更好"的心迎接新的一天。

北大行动指南：

1. 抓住原则，就不会在"难过"的泥潭中驻足

每一个人的生命，总是充满各色各样的艰难险阻，也会有各种色彩斑斓的诱惑。面对艰难险阻，我们会灰心泄气，甚至一蹶不振；而面对不同的诱惑，则容易驻足不前，迷失自我。北大学子也一样，同样作为有血有肉的人，他们的生活也有跌宕，时而狂风骤雨，时而阳光明媚，时而灰暗阴冷，时而绚丽多彩。不过，不同的是，他们在面对生活高低起伏的时候，始终坚守自己内心的原则，无论多高兴，无论多难过，都要微笑以对，不会在艰难险阻中走失了原本的方向。

2. 难受的时候，想想"阿Q精神"

每个人的生活都不会一帆风顺，有些人的命运波涛汹涌，有些人的命运则是表面平静，内含暗涌。无论如何，我们总是在不断的变迁中逐步成长。

当我们面对人生低谷的时候，往往是最艰难的时刻，因为低谷和挫折容易使我们望不见高处的明灯，容易使我们畏缩不前。对于这点，北大学生也一样，他们身居最高学府，并不表示他们没有处于低谷的时候，面对低谷，他们会怎么做？

他们会选择"阿Q精神"，当然，这个"阿Q精神"不等于鲁迅先生笔下的自欺欺人，但是，一根筋的乐观仍然是必不可少的，因为它能帮助我们纾解心中的郁结，使我们对自己重拾信心，这很重要。因为，"难过"首先扼杀的，就是我们对自己、对生活、对将来的信心，只有将"信心"重新树立，我们才能有赢的机会。

北大思考题：

两名学生找北大教授求指教，这两名学生正准备策划自助游，不过一个人主张先把所有酒店、机票和交通路线所需的车票都预订好，而另一个人则主张"边走边看"。两名学生想找教授评理，你觉得教授会选择哪一种？如果是你，你会支持哪一位学生？

其实，这两个学生的主张背后隐藏着心态方面的大问题，主张凡事先预设好的学生，他对"未知"有一定的恐惧，希望凡事在一个框架内变化，坦白地讲，他不会是一个优秀的冒险家。而主张"边走边看"的学生，有很强的冒险精神，有积极乐观的生活态度，不过，这种人一般容易给人留下"过于自我，不安现状"的印象。

第二章 北大教你：沉住气，才能得到胜利

心急吃不了热豆腐，凡事别着急

北大箴言：

我认为写作就是在于每天坚持，哪怕一天写一千字，几百字，一年下来也有几十万字，也就很可观了。

——朱光潜

古语有云："千里之行，始于足下。""不积跬步，无以至千里"，前人的智慧深深刻印在了我们的生活观念中，这是真理。我们做任何事情，都不能期望自己犹如周公测影一样，能立竿见影。因为事情总是因果相依的，有因才能有果，它会遵循一个过程。正如我们走路，总是一步一步地走，不可能期望一步登天。生活也一样，无论是读书学习还是工作生活，我们要想达到一定的目标，就要付出相应的努力，走完从"起点"到"终点"的路。

正如我们每个人都追求的成功，如果你没有耐心，急于求成，过于投机，往往会失去成功的机会。因为，成功的追求就如赛跑，一开始，大家都下足了拼劲，下定了决心，可是跑了一段时间之后，终点还在远方，你可能还看不到，这时候，你或者会想放弃，那么终点就成了你永远都到达不了的地方。相反，如果你有耐心、有毅力，慢慢地跑，坚持着跑，你总是能看到终点的。

因此，心急吃不了热豆腐，欲速则不达，我们不能指望每一种成功都像百米赛跑，一股劲跑完就胜利了。有的成功，也许会像马拉松，你得禁得住艰辛，耐得住性子，跨越重重障碍，才能达到终点。

王皓是中国象棋手中的"一哥"，也是一名堂堂正正的北大学生。2011年，22岁的王皓在"北京首届世界智力精英运动会"上夺得了象棋男子快棋赛金牌，在一个2700分以上高手扎堆的重量级比赛中"艳压群芳"，以2736分的高分勇夺金牌。

很多人或者会觉得快棋赛靠的是智慧，不过王皓并不这么认为，在他看来，象棋就像人生，就如学习，你想要在关键时刻表现得好，就要在平时狠下功夫。这不单是智慧的比拼，更是努力和心态的比拼。

平时，除了读书学习，王皓还要进行大量的象棋训练，有的时候因为棋局解不开，他容易在生活中走神，经常有端着饭菜在食堂中苦苦冥思的情况。而对待学习，他也一样刻苦，由于和别的同学不一样，他需要将比例不小的时间花在象棋训练上，就使得专心学习的时间少了。他只能比别人更加用功，起早贪黑，力求在两件事情上找到平衡，学习、下棋两不耽误。也许，就是生活中这种事事挤时间的作风，使他养成了凡事精雕细琢、有条不紊的态度。

在精英运动会上，他以五号种子的身份，迅速赢得了头四盘棋的胜利，甚至打败了前世锦赛冠军。不过到了第五轮比赛，由于取得了"开门红"，他似乎看到了胜利的曙光，于是急进了，在第五轮中败给了阿塞拜疆的加什莫夫。王皓意识到自己的问题所在了，这是很多人都会出现的情况，那就是，越接近胜利，越是急躁，他明白这样是不对的，眼下只能透过自我调节来舒缓自己的急进，必须一步一步地走好。因此，他以极为短暂的时间平复了心情，跨越心理关口，最终在第六轮和第七轮中获胜，成功夺冠。

我们并非像运动员一样，经常参加竞赛，然而，我们每天都在和自己比赛，生活就是我们最大的赛场。正如王皓第五轮的表现一样，过于急进，结果失去唾手可得的成功机会。

因此，我们一定要记住，成功没有捷径可走，无论你是走在通往成功的起点，还是已经几乎到达终点，一定要谨记，心急吃不了热豆腐，千万别揠苗助长，饭要一口一口吃，路要一步一步走，凡事不能急，也急不来。

北大行动指南：

1. 注意积累，将"基础"打扎实

每一份成功，都是厚积薄发的成果，罗马不是一天建成的，参天大树也不是瞬间长成的,要有所建树,就要学会打好基础,将生活中所学到的、所看到的、所听到的,一点一滴地积累起来。

很多人会觉得,北大学子都是学识超卓之人,其实,这不是传说。不过,他们之所以能满腹经纶,不是因为他们在北大,也不是因为北大有什么秘密武器。

北京大学最大的魅力在于,它为学子们提供了一个很好的平台,在这里,同学们懂得了"积累"的重要性,明白了"基础"的作用力。因此,对于每一门学科、每一项研究,他们都会稳扎稳打,不会心浮气躁、急功近利。以中文系的学生为例,如果他们学的是当代文学,他们绝不会将自己的思维和视野局限在当代文学,而是会通读古今中外的文化著作。只有这样,他们才能全面地认识自己的学科和领域,这就是积累的作用。

我们在生活中也一样,从事一个领域的工作,单纯积累这个领域的相关背景知识是不够的,生活中各种各样的事物也是我们的资本,也可以成为我们的能力。

因此,生活对于每一个人而言都是一样的,只是在于你有没有一双善于发现的眼睛,将生活中的点滴积累起来,逐渐形成自己的"绝世秘诀"。

2. 别害怕麻烦,有时候太简单不一定好

在生活中,我们做事总是希望遵循"从简"原则,就是用最简单的方法,学到自己想学的,做到自己想做的。这样固然很好,可是很多时候,过于简单的追求容易使我们止步不前。

很多事情虽然烦琐复杂,可是过程中付出得越多,你所得到的也会越多。因此,北大学子在成长过程中,最擅长的不是找到最简单的解决方法,而是学会化简为繁,深入剖析事物内部的道理,选择一个让自己明白得更多的路子去钻研。因为他们知道,只有害怕麻烦、害怕困难的人才会选择用最简单的方式来解决问题。好比我们攀山探索,总是走前人走出来的路往上爬,最终看到的风景必将与别人无异。相反,如果你有勇气选择一条全新的道路,虽然过程麻烦,甚至荆棘满途,却能发现另一片天地,看到别人看不到的风景。所以说,过于简单的追求和解决方法适合不求突破的人,如果你不想成为故步自封的人,那么,你得放下你的着急,一步一步慢慢来,找一条能让

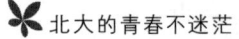

你积累得更多的道路。

北大思考题：

一位北大教授曾经在课堂上讲了这样一个故事："我以前有一位老朋友、老邻居，他每逢出门都会把家里的钥匙给我保管，长此以往，都有十年八载了，不过有一次，他所有为之珍惜的贵重物品都丢了，你们说，这是为什么呢？"

原来，是因为那位老朋友每次出门都会把自己贵重的物品带上，虽然把家里的钥匙给老教授保管了，可是老朋友在出游的时候遇上了贼，结果还是什么都没了。

老教授之所以问学生这个问题，是希望学生明白，很多时候，失误是自己造成的，失误是基于你对自己、对身边的人、对社会的不信任。如果缺乏信任，那么，生活将变得无趣、无可依赖。

冲动是魔鬼，冷静是良方

北大箴言：

只有肚里能撑船的人才能做宰相。

——张建君

俗话说"冲动是魔鬼"，此话不假，我们必须要明白，虽然我们的人生剧本由我们自己去写，但是人生毕竟不像演戏，错了就错了，我们不能因为自己的不满意而喊"NG"，时光荏苒，我们不能重来，因此很多错误和错失，是由不得我们尝试的。

如果我们想幸福完整地度过一生，在人生的各个时期创造出属于自己的成就，时刻保持一颗冷静清晰的头脑是极为重要的。不过，人生之所以难忘，除了幸福的时刻之外，还有我们所遭遇的困苦。生活中的不同时期总有各种沟坎在等着我们，似乎在考验我们的抉择能力。有的时候，迷幻的美丽会迷惑我们的双眼，有的时候阴暗的艰难会挡住我们的脚步，因此，如果我们渴望成功，希望一切能按照自己的人生脚本去走，不要跌进深渊而不能自拔，那么我们就要时刻谨记冷静处事的重要性。

唐家璇是我国著名的外交家，也是北京大学响当当的毕业生。1962年，他毕业于北京大学日语专业，是中国第一批日语专业的名牌大学毕业生。

他在外交战线上工作将近50年，无论是谈判桌上的对手，还是生活工作中的伙伴，对唐家璇最大的感觉，就是这个人特别冷静，举止温文尔雅、滴水不漏。不少人调侃地问唐家璇，他这种冷静到极点的性格，是不是从来没有爆发过。唐家璇谦虚地说："人总是有感情的，说我从来没有发过火，这不符合实际，有的场合需要严肃一点，有的场合可以轻松一点，仅此而已。"

其实，唐家璇无论在外交谈判桌上，还是生活中，都是一个刚柔并济的人。他有脾气，可是不会随便发脾气，因为他明白随便发脾气的话，国家要为自己的脾气埋单。因此，他认为，做事情最重要的不是讲求冲动的举止和一触即发的脾气，而是要讲究方法，讲究处事的艺术。所以，在外交战线上这么多年，他总是以"艺术"来对待别人，绝不冲动做事，也不说"冲话"。

虽然不是每一个人都需要如唐家璇一样，站在外交的前线为国家利益而"刀光剑影"，不过，每个人都必须清楚"冷静"的真谛。"冲动"是脑门子一热所出现的"非条件反射"，对待冲动的最好良方，那就是"冷静"。

可以说，哪怕我们读书破万卷，走路越万里，如果我们不能冷静清醒地对待面前的冲击，我们的人生将会是不及格的，因为一个人的成熟与否，可以从他是否能冷静、清晰、有条不紊地对待事物中看出。因此，我们必须要时刻保持一颗冷静的头脑，明白什么事情应该做、什么事情不能做或者不需要做，我们要努力地、用心地将应该做的事情做好，理性地与"不应该做的事"划清界限。

北大行动指南：

1. 让"冷静"成为一种驾轻就熟的"常态"

不在波澜壮阔的路上，不代表你的人生就会"风平浪静"，很多时候，大至事业、学业上的失利，小至和伙伴间争吵，都会成为我们的羁绊。当生活出现矛盾的时候，愤怒、激动就会趁机钻进我们的脑子，刺激、怂恿我们做出一些冲动的事。比如，我们会因为生活中的不顺心而暴跳如雷，会因为考场上的粗心而错失好成绩……越是这样的时候，我们越需要冷静。

不过，冷静不是凭空而来的，而是后天训练出来的能力，和基因无关，和遗传也没有关系，就像我们其他的素质一样，"冷静"是需要培养的。因此，我们不要在生气恼怒的时候才想起"冷静"，哪怕在心平气和、开怀大笑的时刻，我们也要想到"冷静处事"的道理，让冷静成为一种常态，成为一种潜藏在骨子里的能力。

2. 学会"以静制动"的处世艺术

冷静,要求我们在急躁烦扰面前保持清醒,莎士比亚曾经说过:"谁能够在惊愕之中保持冷静,在盛怒之下保持稳定,在激愤之间保持清醒,谁才是真正的英雄。"冷静就是这样,它要求我们学会忍耐、学会平静,保持清醒,贯彻宽容,坚守理智。

但是,冷静不代表一动不动、逆来顺受,冷静其实是一种心态、一种处世艺术,很多时候,越是烦扰动荡的时刻,以静制动方为上策。因为,"动"代表变数,意味着变化,事物的发展会因此而产生量或者质的变化,在冲动的情况下做出决定,所引发的结果不一定会好。相反,如果懂得冷静的道理,凡事先做"冷处理",待你看清事物的真相和因果之后,再冷静地做出判断,给出行动方案,那么,所能产生的化学作用会强烈得多。

所以,我们要懂得"以静制动"的艺术,懂得对事情进行"冷静"处理,不要急于出手,不必急于发声,看清楚了再前行也不迟。

北大思考题:

北大师生组织外出写生,途经一处村落的时候,一个蓬头垢面的人从学生群中穿过,教授灵机一动,问大家:"你们觉得他是什么人?"

学生们面面相觑,没有作答,教授再问:"你们觉得他一定是乞丐吗?"

学生们摇了摇头,教授十分满意。

那么,你觉得这个在村落中蓬头垢面的人会是什么人呢?

其实,他或者是农民,或者是工人,甚至是一名富人。教授的立意是希望学生们不要以貌取人。因为,以貌取人的人容易武断、容易冲动,导致观察不足、判断力不够。

第三章
北大陪你走更远,开头不拼的人得输

想到就要去做，空等等不出未来

北大箴言：

能吃苦方为志士，肯吃亏不是痴人。

——闵嗣鹤

有句歌词是"三分天注定，七分靠打拼"，不打拼，怎么能创出一番新天地呢？

然而，现实生活中，很多人面对别人的成功只会仰首倾慕，面对自己的平凡只会仰天长叹、怨天尤人，到底我们和别人的差别在哪里呢？

或者，每个人都是天生的梦想家，从我们有意识地对未来和梦想开展臆想的那一刻开始，我们已经在谱写属于自己的人生蓝图。不过，还是那句老掉牙的话："想"和"做"之间是有差距的。会想象的人，不下千千万万，可是真正能站到人生的风口浪尖上拼搏的人却极少，因为太多人安于现状，太多人在困难面前止步，太多人对未来存疑……他们只会想，却不敢做；他们只会想，而不愿做。所以，他们才会"自甘堕落"地成为甘愿平庸的一辈。

所以说，想成功，想按照自己想象的蓝图谱写自己的将来，首先就要有想干就干的蛮劲，别空等，别空想，这样是等不出一个你想要的"未来"的。

1917年，在蔡元培正式担任北大校长之后的第九天，他立马报呈教育部，聘请陈独秀作为文科学长。不过，陈独秀出任文科学长的资格在当时却备受质疑，很多人认为他"日本东京大学"的文凭是伪造的，因为他虽然曾经多次东渡日本，可是每次在日本逗留的时间都比较短，根本不可能在东京大学接受正规的全日制教育，"毕业"更加不知从何谈起。

可是，外界的非议没有阻碍陈独秀的脚步，他深信自己有足够的修为可以胜任北大文科学长，并一心在北大推行文学改革。

不过，"文学革命"虽然面临诸多传统桎梏，可是丝毫不减陈独秀想干就干的豪情壮志。进入北大仅一年时间，他就在1918年与李大钊一起创办了《每周评论》，这期间，他更将《新青年》的总部由上海直接"迁入"北大，以《新青年》和《每周评论》为主要阵地，不断向莘莘学子倡导民主与科学，反对封建旧思想、旧文化和旧礼教，成为新文化运动的倡导者和主要领导人，并使北大成为了新文化运动的"总司令部"。

在新文化运动取得成就的同时，陈独秀没有甘于一辈子当一位循循善诱的教授，他深深感受到了中国正面临的变化，在内忧患外、社会变迁的时代浪潮中，他很清楚，要想改变中国的现状，谱写出中国美好的未来，单凭文化改革是不行的，这是一个根深蒂固的社会体制问题。于是，他在五四运动后期，秘密前往上海，在共产国际的帮助下，首先成立了上海共产党早期组织，并积极联系各地的知识分子和先进组织，成立了中国共产党，而他本人成为了中国共产党主要创始人之一。

无论是新文化运动，还是共产主义的推行，陈独秀都走在了前列，这与他敢想敢做的性格是分不开的。试想一下，如果陈独秀当年安于当一位平凡的北大文科学长，安于当一个享受名誉的文人学者，那么，近代中国可能还会错过许多。

可见，无论我们的想象有多么美好，都必须动起来，真正地将我们的想法付诸实践，否则一切皆如纸上谈兵，只能成为空话，未来也不会顺应我们的想法而产生改变。

我们必须要明白，人生前进的资本是什么。是一个千载难逢的机遇？不！机遇是留给有准备的人的。是一个千里寻良驹的伯乐？不！伯乐不会自己找上门来，毕竟世界上并没有多少人是诸葛亮，值得人家动不动就三顾茅庐。那么，前进的资本是什么？是我们自己！因此，你必须动起来，去实践你的想法。

北大行动指南：

1. 要有"靠自己"的思维

如今的中国，不少年轻人成为了"啃老族"，这说到底是一种依赖性，是希望父辈或者周围的亲朋好友为自己创造机会，一在工作和生活中遇上不如意的事情，就会"怨天怨地怨爹娘"。不过，在埋怨之前，我们首先要为自己的过度依赖埋单，因为你的未来是自己决定的，不够努力的你，怎么有资格埋怨别人？

卡莱尔曾经说过："愚者一切求他人，智者一切求自己。"意思是，有智慧的人，凡事会想着自己解决，只有平庸愚钝的人才会想着靠别人去改变自己的命运。北大学子深深明白这个道理，所以他们努力奋斗，从芸芸学子中脱颖而出，进入最高学府，从平庸变得杰出。

因此，我们要树立起"凡事靠自己"的思维，有想法了，别指望别人的帮助，要亲力亲为，努力地实践和经营。

2. 边做边学，让自己变得更棒

在实践想法之前，我们首先要做足心理准备，准备好让自己腾飞的条件。在迅速熟悉自己优点和长处的基础上，要多接触其他领域的内容和知识，不断扩充自己的认知层面，让自己的能力提升，塑造自己的"不可取代性"。

说到这里，不得不提北大学生"既专且广"的学习方式。北大的学生一般会在进入大学校园之初，进行充分的自我分析，在确定兴趣爱好与特长的情况下，树立目标，并朝着自己的目标进发。同时，他们会利用时间为自己增值，文科的资优生不会是理科白痴，物理高手也不会全然不懂化学。总而言之，在不断增长专业技能的同时，让自己成为一个面面俱到的人，也是自我提升、改变自己、实践想法的必备环节。

这是一个多元化的时代，社会对人才的需求也是多元化的，能凭借"一本天书读到老，偏才尤胜多面手"的观念取得成功的人已经越来越少。所以，年轻人绝不能停止前进的脚步，要多学多做，不断成长。

第三章　北大陪你走更远，开头不拼的人得输

北大思考题：

在燕园内，教授在课堂上问学生们：如果你养了一条狗，你会训练它吗？这是一道选择题，答案是三选一：随它自然生活，不训练；训练一些基本常识；会全力训练它，宠物懂得越多越好。

选择"不训练"的人忠于自然，对待生活容易随遇而安，缺乏改变未来、改变自己的动力；选择"尽力训练"的，有改变自己的决心，但是毅力不足；选择"全力训练"的，在改变自己、追求梦想的过程中，更具吃苦耐劳、不屈不挠的品质。

变化永远比计划快，边走边调整

北大箴言：

中国有句成语叫"难能可贵"，越是难的东西，你能掌握它，就愈发显得宝贵。

——马坚

生活是不断变化的，我们昨天定好的计划，保不准今天一觉醒来，就因为各种因素而产生变化了。正是由于生活的多变性，很多人会对未来望而生畏。

尤其是青少年，在心中设想过无数美好的计划，可是"计划总是赶不上变化"，当你以为自己正在慢慢走向目标的时候，会冷不防杀出诸多阻碍因素，阻止你的脚步。

我们要明白，这种情况是时有发生的，对谁都一样，不是说成功者就一帆风顺，失落者就命运多舛。其实，成功路上的变化往往多得让人措手不及，面对这些不期而遇的变化，成功者和失败者最大的区别是"适应形势，调整计划"的能力。

所谓"识时务者为俊杰"，能认清事情发展形势，明白大势所趋的人，往往能很快地应对目前的处境，提升自己的应变能力，调整预设的计划，让计划赶上变化，先调整再起步。但是，不会看清形势，或者钻牛角尖不肯改变的人，由于缺乏了必要的应变能力，总是和现实情况硬碰硬，很容易对自己造成伤害，甚至会一败涂地。

因此，我们必须要有边走边调整的心态，要指望拿着计划书，一本天书读到老，一套方案走到底，要提升自己"随遇而变"的应变能力。

当年，蔡元培聘请陈独秀为文科学长，全校上下为之震动，一位正在读英语系二年级的广东籍学生袁振英感到极为惊诧，他十分质疑陈独秀的学历，刚开始还以为陈独秀是那种凭嘴巴功夫，没有真才实学的人。

后来，因为陈独秀任用一个日本高师的毕业生来教北大英国文学系毕业班的英语，袁振英觉得这是对中国教育的侮辱，不惜罢课向陈独秀施压，一定要赶走那位日本高师毕业的老师。无奈之下，个性倔强的陈独秀也只好顺从了学生的意愿。

陈独秀开始对袁振英特别留意，甚至主动交流。得知袁振英的志向是振兴中国，振兴中华文化，所以坚决抵制来自日本同级学府的毕业生作为自己的老师后，便邀请这位英文优秀、思想激进的袁振英作为《新青年》的投稿人。当时，《新青年》作为新文化运动的主要阵地，能投稿呐喊说出心里所想的大多是名人学者、权威人士，以学生身份投稿的就只有袁振英一个。陈独秀没有歧视，没有排斥，反而重用反对自己的人，这样的做法引起了袁振英的思想变化。

在接下来的社会激荡中，袁振英和陈独秀，无论在北京、上海还是广东，都有着紧密的联系，既有师生关系，又是社会主义同志，更是工作上的伙伴。不过，计划赶不上变化，正当陈独秀为建立中国共产党不懈努力的时候，袁振英也在社会纷繁中找寻到了自己的信仰，他认同陈独秀所推崇的马克思主义，可是自己打从心底里更信奉无政府主义。从陈独秀的学生转变为工作伙伴，袁振英对此有一段很矛盾的时期，到底是跟着陈独秀一直走，还是忠于自己的信仰？

1921年3月，马克思主义者开始和无政府主义者分道扬镳，袁振英坚持自己的信仰，离开了中国共产党，后在广东省"一中"任校长，还转到法国留学，成为周恩来的同学，此后的岁月中继续坚持自己的无政府主义信仰，成为了活跃的社会活动家。

对袁振英的评价，我们不能简单地用功过来权衡。他身上所体现出来的是一种不随波逐流，不随遇而安，坚持自己所想，选择自己道路的精神。他身上散发着一种北大学者独有的、勇于追求真理的浪漫情怀。在那个激荡的年代，计划永远赶不上变化，关键在于自身对规划的调整，既要坚持，又要应变，归根到底，是要看到自己想到达的终点。

年轻的孩子们，你们要清楚，每个人通向成功的路途都不会是康庄大道，遇到问题，遇到分岔口，是在所难免的。有时候，拐一个弯并不一定是坏事，如果真的到了"此路不通"的地步，我们要懂得随机应变，及时调整自己的计划和规划。

永远不要害怕多走路，因为路总是人走出来的，只要你有自己的坚持，大路小路都是一条成功路。

北大行动指南：

1. 不要总是一条道走到黑，试着另辟蹊径

世界多变，唯一不变的是我们的心，在生活中，在工作上，我们都会经历各种层出不穷的变化。如果我们用尽一切努力，尝试了不同的方法，在原先行进的路上仍旧是举步维艰，我们不妨给自己换个方向，换一条不同方向的道路。因为，有的时候，不要一条路走到黑，那只能是死路。

曾经有一位北大哲学系的毕业生，历时五年的时间写了一本哲学通俗读本，希望寻求出版，可是却苦无门路。面对现实的挫折，他没有泄气，也没有过于坚持地走访出版社，而是在北京学府路附近开了一家补习社，给各大高校的在读生补习。渐渐地，认识他的学生多了，接受他哲学思想的人也多了，他也变得稍有名气了。由于学生们在论坛上的推荐，不到半年，一家出版社主动找上门来，希望能找他写书。于是，不出所料的是，他成功出版了自己的系列作品。这是一种迂回的作战方式，同时也是解决"计划赶不上变化"问题的典型蓝本。

应该说，很多时候，"另辟蹊径"的确不是坏事情。

2. 摆脱愚忠于计划的心魔

生活中，我们总说，"不论白猫黑猫，抓到老鼠就是好猫。"对于计划，对于道路和方向，道理也是一样的，用一个新的说法："不论新路旧路，能达到目的地就是好路。"

在奋斗的路途上，我们总会看到身心俱疲的脸庞，也会看到痛苦并快乐着的脸蛋，两者的区别到底在哪里？关键在于心态的调整。

能摆脱自己对既定方向的执着，勇于突破心魔，承认自己方向有问题，及时做出调整的人，一定会重新找到正确的道路。

对于年轻人来说，计划永远是可以改变的，因为年轻就是资本，随着不断成熟，总会有新的想法，如果此时固守之前的计划，就会被视为愚蠢。

北大思考题：

北大学生团体曾经组织过一项问卷调查，随机访问不同的学生，问题设定如下：如果学校规定你一年之内最好读10本课外书，你觉得你会读多少本？5本以上，5本至10本，10本以上？

这乍一看是课外书阅读情况的调查，其实也是一道思考题。

阅读5本以上的人，不拘泥于规章制度，有自己的想法，做事有时候容易"离经叛道"，却不失为一名创新分子；阅读5本至10本的，比较中规中矩，总是在计划和变化间徘徊，容易犹豫不决；阅读10本以上的，比较循规蹈矩，喜欢按规矩办事，但是面对变化则相对缺乏应变能力。

花时间做白日梦，不如花时间动动手

北大箴言：

我们活着要有价值，不要投机，投机是为了升官发财，我们要有点儿抵抗力，不要跟着一道跑。

——陈翰笙

很多过来人都会告诉你，梦想更像是一场遥不可及的梦，与现实毫无关系。虽然也有为数不少的人在不同程度上实现了自己的梦想，但毕竟是少数，不能作为普遍性例子来谈及。

是否真的如此呢？

也许，在生活中，能彻底坚持梦想的人不在多数，不过，在不同程度上追梦、为梦想而奋斗的却大有人在。当然，努力不一定能完全实现梦想，但是不开始，梦想将永远是一个梦。相反，如果你动手执行，哪怕未能触及梦想，起码你已经走在追梦的道路上，经历过那些美好与痛苦了。

有一句著名的歌词说得很好，"一人有一个梦想"，既然你有自己的梦想，与其让梦想流于空想，与其花时间去做白日梦，何不动起手来，让自己也真真切切地走在追梦的路途上呢！

鲁迅，是我国著名的文学家、思想家和革命家，他出生于一个富有的官僚地主之家。不过造化弄人，在他13岁的时候，祖父入狱，父亲早逝，家道中落，他作为长子就要担起养家糊口的责任。

家境的变迁，世态炎凉的来袭，让年纪轻轻的鲁迅很快看透了世俗，也更加接近底层人民，在农村生活的时光，使他深刻地感受到了底层人民的艰

第三章 北大陪你走更远，开头不拼的人得输

辛与淳朴，他希望自己长大之后能够帮助更多的劳苦大众，改变他们的生存现状，改变他们逆来顺受的封建思想。

为了实现自己的梦想，鲁迅没有空想，也没有甘于沦为普通读书人，他当时选择了一条被很多人看不起的道路——进洋学堂。18岁那一年，鲁迅怀揣着母亲想方设法借来的8块银元，进入了南京水师学堂，而后转入南京路矿学堂，这两所学堂都是洋务派为富国强兵而兴办的，内设有物理、化学、数学等自然科学知识的科目。鲁迅在读书期间阅读了大量外国著作，拓宽了视野。后来，更加以优异的成绩获得官费留学日本的机会。

当时，中国人饱受疾病煎熬，被誉为"东亚病夫"，鲁迅为了改变这种情况，一心学医。可是，一来鲁迅不精通日语，二来受到日本学生的排斥，他的成绩也一直不是特别好。直到有一次，他在上课前放映的幻灯片中看到一个中国人被日本人抓去砍头，而一群中国人竟然站在旁边看热闹，若无其事的样子，这些麻木不仁的中国脸孔给了鲁迅很大的冲击，他意识到，中国人真正的病不在于身体，而在于精神，那种逆来顺受的封建思维才是中国人最大的病根。

鲁迅终于明白了，要改变中国人最根本的病态，需要从精神层面入手，于是他毅然弃医从文，离开了仙台医学院，到了东京，不断翻译外国文学作品，筹办各种鼓励国民、革新国民意识的杂志，到处发表文章，成为推动思想革命的佼佼者。

1923年，鲁迅兼任北京大学讲师，将新精神、新思维和国民改造意识灌输给莘莘学子，培育出了巴金、黄源等优秀学生，为中国精神文化及社会改革贡献出了巨大力量。

从鲁迅的奋斗历程中，我们可以看出，有目标才能有进步，有梦想才能有追求，不过，单纯停留在梦想阶段是远远不够的，"想"是个人的、无力的，只有真正的"做"、真正的奋斗，才能将梦想实践，才能不断富足自己的人生，并用梦想力量改变自己的人生，甚至影响他人。

因此，与其花时间来做白日梦，我们何不动起手来，试着将梦想细化成一个个微细、可触及的目标，去逐步实现呢？

北大行动指南：

1. 有一流的梦想，就要配备一流的行动力

每一位北大学子都很清楚，要想成功，必须先给自己设定一个梦想，因为梦想是我们前进的动力，不过，梦想之所以美好，是因为它反映了我们对人生的美好规划，就像一部舞台剧，总是充满幻想。不过，梦想在前，不前进的话，我们永远触及不到。所以，光有一流的梦想是不够的，还需要有一流的行动力。

在北京大学，曾有一位英语系的女生，她来自农村，英语的读写环节非常优秀，但是由于条件所限，她没有机会练习口语。考上北大之后，面对很多来自大城市、自幼有外教交流经验的同学，她下决心练好英语口语，并且立志成为出色的英语演讲家。为此，她不仅仅是想，而是从大一开始，每天早上5点起床，不断大声朗诵英语，晚上看外语片，读英语书，最终，在她大三那年，赢得了全国英语演讲比赛的冠军。

或许你会困惑，到底她最终能否成为演讲家呢？其实，这已经不重要了，因为她的目标已经达成。

人生就是这样，梦想不一定能在短期内完全实现，但是你必须脚踏实地地走起来，动用你全身上下的行动力，努力实践，才能走到通往梦想的征途上。

2. 和人生赛跑，别给自己松懈的借口

人生就像是一场长跑，追梦的过程中，你不跑起来永远不知道终点在哪里，当我们明确自己的梦想之后，就要开始努力奔跑。不过，事实是，梦想有的时候很遥远，无论顺流还是逆流，总有不同的荆棘在等着我们。

很多人跑着跑着，会由于看不到终点而泄气，甚至放弃。就像马拉松赛跑一样，总有人在中途经不住煎熬而放弃。可见，对于梦想，缺乏持续战斗力或稍有松懈都是不行的。在行动的过程中，我们必须要克服松懈的思维，要有咬紧牙关、拼命跑的精神。

第三章　北大陪你走更远，开头不拼的人得输

北大思考题：

一次，一位北大老校长回到燕园闲逛，看到几个女生在校道上闲聊，便上去"搭讪"了两句，老校长问几个女生：下面三件事，你比较喜欢做哪件，遛狗、逛街还是绘画？

女学生们想了想，一个选择了遛狗，一个选择了逛街，一个选择了绘画。

选择遛狗的人在生活中容易回避现实，沉浸在自我空间中，相对缺乏奋起作战的能力；选择逛街的人，懂得舒缓压力，有目标，有动力，但是决心不足，需要进一步强化行动力；而选择绘画的人，相对冷静，遇事不怕事，懂得冷静分析，相对具备持久发奋的动能。

试过不一定成功，但不试一定失败

北大箴言：

我认为成功有三个要素，第一个要素是，要有胆，中国人造词，胆识胆识，胆在先，识在后，你要有胆，第二就是你要聪明嘛，你要聪明你要有智慧，第三才是钱。

——叶茂中

英文里面有一句名言："You can't teach an old dog new tricks."字面意思是"老狗学不了新把戏"，常用于比喻某些人总是沿袭老一套，不愿尝试，不愿改变。此话放诸四海而皆准，作为和书本知识周旋的、职场上打滚的、和生活压力死磕的我们更加要切记。是选择当一条"老狗"，还是学会不断调节、不断变通？这正好考验了你的调节力和适应力！

世界如此艰难，只有"识时务者"才能更好地生存，谋求更好的工作环境和更加优越的工作质量，所以，我们一定要勇于尝试，将自己的想法付诸实践，试过不一定能成功，但是不试试就一定不会实现。

冯友兰于1915年考入北京大学哲学系，当时新文化运动正在如火如荼地展开，这使冯友兰眼界大开。恰逢大四那一年，胡适、梁漱溟二人先后到北大任教，胡适是新文化运动的先锋，梁漱溟是东方文化的中流砥柱，两大阵营的交锋使冯友兰受益匪浅，也带给冯友兰一个重要的疑问和追求——中国文化路在何方？跟中西文化比较，难道中国文化就那么一文不值吗？

所谓"时势造英雄"，冯兰友似乎在中西哲学的交锋中找到了自己想要寻找的梦想和答案，于是他带着这个问题展开了毕生的努力探索。以他自己的

第三章　北大陪你走更远，开头不拼的人得输

话说："我从一九一五年到武昌中华学校当学生以后，一直到现在，六十多年间，写了几部书和不少的文章，所讨论的问题，笼统一点说，就是以哲学史为中心的东西文化问题。我生在一个文化的矛盾和斗争的时期，怎样理解这个矛盾，怎样处理这个斗争，以及我在这个斗争中何以自处，这一类的问题，是我所正面解决和回答的问题。"

每个人都会遇到矛盾，遇到疑问，有希望达成的梦想和目标，冯友兰就是凭借着这个目标不断前行的。

1927年至1937年，可以说是冯友兰集中研究中国哲学史的重要时期，他醉心研究，总是废寝忘食，在1931年出版了《中国哲学史》上册，三年后，再次出版《中国哲学史》下册。这两本书成为当时社会上继胡适的《中国哲学史大纲》之后的重要哲学史著作，影响广泛，内容深刻，反映出中国30年哲学史研究的高峰水平。冯友兰的《中国哲学史》还被美国作家卜德翻译成英文，成为现在西方世界研究和了解中国哲学史的主要著作之一。

冯友兰对自己的总结是，他是"释古派"的，和胡适的"疑古派"不同，他穷尽毕生精力，就是希望论证儒家哲学在中国哲学史上的正统地位。

事实上，冯友兰也做到了，想当初，从一个普通北大学子做起，从大师的交锋中发现了属于自己的思想闪光点，谁知道他也能成为哲学家大师呢！

所以说，有想法、有目标很重要，然而光想是不够的，我们必须要行动。在此过程中，我们也许会失败，甚至一败涂地，但是我们年轻，这就是最大的资本，我们有足够的时间去失败，然而如果因为害怕失败而不去尝试的话，我们永远不会知道自己到底有多强，也不可能找到属于自己的舞台。

北大行动指南：

1. 目光要远大，不过于在意眼前的得失

很多时候，我们不愿意尝试、不敢尝试的最大原因是害怕"改变"会给原本的生活带来变化，破坏了本有的安逸。比如，作为一名朝九晚五的公司员工，生活是不成问题的，这个时候，如果他选择实践自己的梦想，锐志创

业，成功和失败的概率是对半的，一旦失败，很可能会连原本的安逸也荡然无存。

这是一种深思熟虑，同时也是我们对自己的约束。谁不想安安稳稳地过日子，可是想要成才，想要实现梦想，把握好"鸡头"和"凤尾"之间的天平，是极为重要的。很多人以为在平稳的生活中，鸡头当好了，也能关上门来当天子，可是却不想想，世界瞬息万变，就像我们的成长历程那样，孩童时期总想着能赚钱就是了不起的事情，可是一旦长大了，却发现赚钱不过是一种谋生手段，每天为了养家糊口奔波也是很郁闷的。所以说，不敢打破现状的人，是目光短浅的，他们缺乏前瞻思维，缺乏大局观，即便能保住安逸，却也让未来失去了色彩。

对于万里挑一的北大学子来说，只求安稳是不可想象的，世界如此辽阔，岂能没有一席之地？不去"试一试"，怎知自己到底有多大能耐？所以，更多的北大人选择创业，哪怕在尝试的初期屡屡碰壁，也从不灰心。他们相信，只要有决心、有恒心、有耐心，未来绝不会辜负自己。

2. 唤醒心中的勇气

衡量成功与否，最怕的是与别人比，毕竟，山外有山，人外有人，这样比会累死你的。你出身北大，还有人出身哈佛，有些人是永远也无法打败的，但是你却能不断战胜从前的自己。

同样的道理，是否具备突破和尝试的勇气，我们也只能和自己比较。在漫长的人生旅途中，我们要不时回望自己的人生，看看今天的自己是不是比昨天的自己有进步，更接近自己所想塑造的未来。

如果不是，那么，请你唤醒心中的那份执着的勇气，试着改变自己吧。

曾经有位北大女生遇到一个只有一只左手的残疾人，残疾人请求女孩帮他将行李搬上公交车。然而，北大女孩出乎意料地拒绝了，她告诉残障人士："我并非歧视你，正因为我觉得你和我一样，所以我认为，我能做到的事情，你也一样能做到，关键是你自己有没有勇气尝试。"

女孩走后，残疾人果真自己尝试起了搬行李，他的动作很慢，力气也很小，本以为别的乘客会发出哗然的声音，用奇异的眼光看待自己，可是乘客们却在为他鼓掌。足足花了十几分钟，这位残疾人终于凭借自己的力量把行李搬了上去。他成功了,踏出了改变自己的第一步,唤醒了潜藏的勇气。

很多时候,我们的人生就是如此,如果没有勇气去尝试,也许会一直原地踏步,只有鼓起勇气做出改变,才会迎来希望。

北大思考题:

一次,北大教授连续三堂课给学生们下达了任务量非常大的项目,其实他是给学生们出了一道测试题:到底是把一个个项目逐一啃完再开展新项目,还是几个项目一起开动、多箭齐发呢?

结果,在第四堂课上,他发现,支持多箭齐发的学生有47%,支持专攻一项的学生有53%。其实,这个测试并没有既定的标准答案,只是想说明学生不同的心态和做事方式而已。

选择多箭齐发的学生,有挑战极限的冒险精神,他们更加偏重于尝试,面对变化,他们会更加灵活一点,属于冒险型的人。而选择专攻一项的学生,他们相对持久,做事有条不紊,有耐性和坚持,属于稳定型的人。

凡事要如孔明应战，做足前期准备

北大箴言：

许多不成功不是因为没有行动前的计划而是缺少计划前的行动。

——翟鸿燊

行动对于实现梦想、迈向成功的重要性，相信很多人都明白，不过，在行动之前，我们不能忽略的一个关键点，就是"准备"。

"准备"这个词，说起来简单，但却是知易行难的一件事情。要实现梦想，要腾飞，我们就要做足准备。正如行军打仗时"三军未动粮草先行"的道理一样，缺乏准备的横冲直撞、盲目尝试，只能称之为"莽撞"，往往难成大器，这也是北大人绝不会犯的错误。

梁漱溟是一代哲学大师，有"中国最后一位儒家"之称，他在1917年便应蔡元培校长的邀约，到北大讲授印度哲学。

有一年，在北大开学的第一天，他要求所有新学子做一件很简单的事，那就是学会将胳膊尽量往前甩，再往后甩，前前后后，直到甩足300次为止，并且要每天做。大家都不明白老师这样教是为什么。刚开始，新学生们都按照梁老师说的去做了，可是渐渐地，大家都慢慢遗忘了这件事情。

后来，梁漱溟跟大家讲授起典故，原来这是苏格拉底教学生的一个故事，苏格拉底在开学的时候让学生甩手臂，每天300次，一个月后，坚持的人有十成，三个月后坚持的人有九成，半年后只有一半，一年后就剩下一个人，那个人就是著名的柏拉图。梁漱溟告诉学生，甩胳膊是很简单的，可是对于这么简单的事情，能坚持下去却不是容易的事。

第三章　北大陪你走更远，开头不拼的人得输

正如梁漱溟的人生一样，他是大学生，却没上过什么学，是一个自学成才的典范。中学学历的他，为了进步，为了腾飞，做足了准备功夫。他所做的，就是几十年如一日，坚持读书，每天看书，每天读报，从不间断。

他坦言，在他那个胡适、傅斯年等大师林立的年代，以自己的中学水平，要成为一个学者、一个老师，一个追求学问的知识分子是不容易的。他所做的，正是从自己身上发现问题，然后努力地找寻解决的方案，回答自己的问题，这样才能让自己肚子中的墨水越来越多，知识越来越厚，才能迸发，才能进步。因此，他大量阅读哲学、佛学、经济学、政治学等多范畴的书籍著作，并且参考别人的意见和观点，琢磨出自己的思想，最终形成了自己的一套理论，成为了我国重要的思想家、哲学家和教育家。

从梁漱溟的个人经历中，我们可以发现，很多时候，成功者并非都站在一个有利的平台上，想要成功，得靠自己的努力，靠自己打基础，靠自己下苦功夫去为腾飞做足准备。

人的进步，往往是一种"外在矛盾"和"内在否定"协同作用的结果，就是说，我们的进步是基于外在表现得不到充分发挥，进而对内部进行认识、否定及调整的一个过程，只有内外结合，才能最终促成我们的真正进步。但是，在这个过程中，对我们自身的考验很大，要沉得住气，首先要在正确认识自身的基础上，学会否定自己，然后针对自己的不足，下苦功去改善，对自己的短板，努力去完善和改良，正所谓"磨刀不误砍柴工"，只有这样才能获取更大的进步和提升。

北大行动指南：

1. 找到自己的瓶颈，勇于突破

生活中，谁没遇到过一两道坎儿、一两处瓶颈？但是最重要的，是通过不断的学习和提升来增强自己的竞争力，进而寻找解决瓶颈的突破口。因此，当我们的生活出现了瓶颈，当务之急，不是如何解决瓶颈，而是要弄清楚瓶颈产生的原因，也就是从自己身上寻找原因。因为，综观当今社会，由于自身能力不足而产生瓶颈的情形屡见不鲜。因为越往上走，我们需要付出的努

力就越多，生活的复杂性和多样性便越强，进而对自身综合能力的要求也就越高。因此，在通向成功、改良自己的过程中，我们要时刻要求自己有一个不一样的质的飞跃。

此外，在遇到瓶颈之后，不必自怨自艾、灰心丧气，要保持平和的心态，因为瓶颈并不是只出现在你一个人身上，每个人都会遇到生活的瓶颈，即便是北京大学的天之骄子。再说，瓶颈并不是什么坏事情，至少，你意识到了瓶颈的存在，就表明你对自己的人生有规划、有要求，不是一个满足现状的插科打诨之人。

2. 要有空杯子心态，时刻准备着

所谓的"空杯子"，就是指我们应该随时对自己目前拥有的知识进行整理和调配，将不合时宜的思维扔掉，保持思维顺畅，随时加入新知识，增加新技能，不自满，不故步自封，永远保持"学习"心态的一种思维模式。也许，眼下你所掌握的知识和经验足够你在行业中满腹经纶地夸夸其谈；也许你所具备的技能和能力也足够你在行业中独占鳌头。但是，现在的社会是一个知识经济型社会，科技飞速发展，知识更新速度加快，如果没有求新求进的渴求，那么原本的知识就会慢慢伴随着社会的发展而衰退，终究会被社会的进步大潮流淘汰。

任何一个北大人都是"空杯心态"的最好诠释者，他们从不自满，不停学习。因此，唯有空杯子的心态，才能帮助我们时刻保持自身容量的空余，不断吸收新的知识，为突破和改变做足准备。如果北京大学的天之骄子都不会自满，你凭什么呢？

北大思考题：

一次，一位年老的北大图书管理员见到最后一名离开图书馆的学生，他总是在图书馆磨到临近关灯的一刻，管理员忍不住问他："智慧和坚持，你觉得哪个比较重要？"

学生摸摸脑袋，憨笑着说："我想是坚持吧，因为我本身不是特别聪明的人。"

年老的图书管理员笑了笑,拍拍年轻人的肩膀说:"很好,很好。"

其实,这位图书管理员早在十年前,还是北大英语系的教授,他认为年轻学生回答得很好。认为"智慧"比较重要的人,往往容易忽视坚持的重要性,诚如龟兔赛跑,人生往往不是由"智慧"做主的,坚持才是最强劲的动力。

在通往梦想的路上，留下你的足印

北大箴言：

热爱是最好的老师，成果是最好的太老师，不得不干是最好的祖师爷。

——金克木

如果有梦想，我们就能走得更远，那些天之骄子在成为北大人之前，也只不过是一个个平凡的学子。然而他们从未停止追逐梦想的脚步，在追寻的道路上留下了自己深深的脚印，才终有一天得见未名湖。

不同的人，有不同的路，也有不尽相同的艰辛，要对抗逆境，靠的是我们自己，不是别人。不只北大人，每个人都会有饱受压力、饱受煎熬的时刻，越是这个时候，与其花时间去怨天尤人，埋怨环境不配合，天公不作美，不如低头耕耘，用吃苦和耐劳来充当自己的养分。诚如高山大河，没有笔直的河道，没有平坦的山路。山河之所以壮美，那是因为它们高低跌宕；我们的追梦路途也一样，它之所以壮丽，亦是因为我们攀登的过程，迂回向前，历尽艰辛，却最终苦尽甘来。

中国的儒家思想中有一句老话叫"天下大事必作于细，而后成于实"。意思是，埋头苦干、兢兢业业，我们才有可能获取成功。因此，我们不能好高骛远，不能臆想着自己马到成功、一步登天，要有耐心，要懂得一步一步地走，能坚持下来的将胜利，不断发奋的将成功。因此，我们要在通往梦想的路上，留下自己的足印，不要吝惜自己的努力。

刘半农是中国近现代史上著名的文学家、语言学家和教育家，1925年在北大任教。任教期间，刘半农一直是新文化运动的闯将。

不过，别看刘半农成就颇高，他的人生却不是一帆风顺的，他的成就完全是靠个人努力。1912年，由于不满传统教育的体制，他毅然辍学，只身到了上海，在中华书局谋得一份编辑工作，业余时间在《小说月报》等杂志上发表小说。由于国文功底好，加上勤奋好学，刘半农很快就成为上海文坛一个十分活跃的新秀。

不过，这些骚动式的变化并没有使刘半农自感满足，在上海五年之后，他于1917年回到家乡，在家赋闲，目标是思考自己将来的人生路。虽说刘半农才情洋溢，但是才情毕竟不能当成下锅的米，那时候写稿没有固定收入，家里经常没米下锅，妻子得四处举债，向娘家借钱，生活可谓捉襟见肘。不过，刘半农依旧坚持着自己的梦想。

直到有一天，他收到蔡元培的信，把他邀请到了北大当预科国文教授。这是他人生的重要转折，可是事与愿违的是，他当年年少轻狂的中学辍学给他带来了极为不好的影响，虽然说他通过《新青年》成为了新文化运动的重要"急先锋"，颇有威势。可是，蔡元培不拘一格降人才是一回事，北大里头高手林立也是另外一回事。刘半农这种连中学都还没毕业的人，才情再惊艳也会被看成是一种"另类"。在制度上，在文坛上，他始终"难登大雅之堂"。

刘半农再次意识到自己的梦想和未来有点曲折，于是他在蔡元培的支持下，考上了公费赴英留学的资格，便带上夫人和女儿起程去伦敦了。不过，公费指的是学费，生活还得自理，在英国，一家三口举目无亲，刘半农没收入，妻子还在伦敦生下了一对龙凤胎，一家五口的生活成了重大问题。穷得连摇篮都买不起的刘半农，始终不想放弃梦想，放弃知识，他咬紧牙关，带着妻子转战法国，到了巴黎大学学习，攻读博士。最终他坚持下来了，他成功地获得了法国国家文学博士学位，归国继续任教北大，培育英才，并大力投身语言学研究。

一直以来，中国近代文学第三人称的"他"没有男女之分，现在我们通用"她"来代表女性，正是刘半农所提倡的。刘半农，一生发表了不少重要著作，其中《汉语字声实验录》一书，更获得了"康士坦丁语言学专奖"的殊荣。

如果刘半农当初被生活的艰难所打垮，如果刘半农没有坚持在追梦的路上咬紧牙关地闯下去，中国或者会错过一个重要的代表性人物。

人生就是这样，总是希望和挫折并行，遇到了挫折，我们得自强不息，永不服输，不泄气的品质会支撑我们在前进的道路上不断前行，只有对梦想、对目标有不懈的追求，我们才可能用曲线的迂回谱写出灿烂的人生。

虽然说，很多人会觉得对于达到目标的方向，"直线"是最短的，最好速战速决，可是，这种想法放诸现实生活中，却又不太现实。因为，人生是没有全然的"直线"，所有的"直线"都会被各种艰难险阻所分隔，所以我们的人生犹如会上上下下波动的曲线，有高潮，有低谷。但是，终点是一致的，只要你扛得住。

北大行动指南：

1. 虚心与坚韧，缺一不可

在工作和生活中，不少人有一种"自来熟"的本能，能很快地融入环境，一马当先，独挑大旗，不过，这种做法非得有非常坚韧的持续动力才能完美收官。因为，不少年轻人容易表现出"虎头蛇尾"的心态，对于一件事情、一项工作，一开始表现得不错，但是缺乏长远发展的动力。

对于梦想和目标的追求也是一样，开头拼了一轮，鼻上碰了灰就赶紧像刺猬一样缩成一团，生怕和困难硬碰。

我们都知道，人生在世，不可能一本天书读到老。要持续走近梦想，我们就必须不时给自己"充电"。既要有坚韧不拔的信念，也要有虚心求教的心思，一边顶着困难前行，一边不断吸收新的知识，让自己更加尽善尽美，提升自身能力。

2. 学会借助别人的力量

前进的路上有石子甚至大石块是在所难免的，很多时候，我们靠单打独斗难以成事，毕竟一个人的力量是有限的。这时候，我们需要虚心向别人求教，甚至求助，学会站在巨人的肩膀上，尝试站高一点，看远一点。

其实，人生得一良师，就好比千里马得一伯乐般重要。得到一个导师或者师傅，能够使我们更加容易入道，更好地生存下去，能使我们的人生拼搏事半功倍。因此，在拼搏的同时，我们不必将自己看得过于孤高，尝试在上进的路途上找一个良师益友，结伴同行，这对个人追求将是大有裨益的。

北大思考题：

一位北大教授有一个女儿，女儿顺利考上了北大。他陪女儿到家商店挑选台灯，女儿想买一盏放在卧房的台灯，看到琳琅满目的台灯，北大教授突然问女儿："你会选择宫廷式的华丽台灯、乡村简朴型台灯，还是卡通造型的台灯呢？"

女儿作为北大即将入学的新生，选了宫廷式台灯，并为自己的唯美偏好吐了吐舌头。

北大教授听后，其实是开心的。为什么呢？

因为，选择宫廷式华丽台灯的人，其实是极具耐心的人，遇到压力会懂得采用不同的方式来缓解压力，冷静过后再深思熟虑具体的应对措施，他们有坚韧不拔的性格。选择乡村简朴型台灯的人相对缺乏耐性，害怕麻烦，遇到烦心事和挫折容易不知所措。而选择卡通造型台灯的，有争强好胜的性格，耐性不足，但是韧劲有余，容易陷入鲁莽行事的泥潭。

第四章
读懂北大的思维,敢想才能敢干

上帝赐予了我们每个人一颗用来思考的脑袋

北大箴言：

> 三国时，蜀将姜维据守剑阁，拒十万魏兵于险关之外。魏将邓艾遂以精兵偷渡阴平翻越摩天岭，下江油直取成都而一举灭蜀，此谓出敌之不意也。我们今天可仿效此战法，以智取代替强攻。
>
> ——张灵甫

伟大的思想家歌德曾经说过："我们的生活就像旅行，思想是导游者；没有导游者，一切都会停止。目标会丧失，力量也会化为乌有。"这充分说明了思考的重要性。每个人从出生开始，就走属于自己的路，可是有的人能走得很远，有的人则永远原地踏步，这是为什么？

其实，这主要和我们的所思所想有关。上帝是公平的，他赐予了每个人一个用来思考的脑袋，可是有的人并不善于利用自己的思考能力，不会总结自己过去走过的路，只会苦干、傻干、蛮干。当然，我们并非想抹杀埋头苦干、脚踏实地的作用，只是，在我们做事情的同时，必须要让脑袋转动起来，不断思考，这也是北大人区别于芸芸众生的关键。

就像下围棋一样，我们每走一步都要深思熟虑，得有所收获，不能平庸地走一步看一步。应该说，从古至今，没有哪一位伟大人物不是托了"思考"的福。可见，思考对于每一个不甘平庸的人都是非常重要的。

因此，我们要善用上帝造人所赐予的资源，让自己成为一个善于思考、精于思考、勤于思考的人。

张灵甫，是国民党军队中的"常胜将军"，是蒋介石口中的"模范军人"，同时也是一名优秀的北大学子。他成为了八年抗战中"文北大、武黄埔"的悍将、猛将和儒将,是一代抗日名将。

然而,很少有人知道,张灵甫早年几乎与军事绝缘。他从陕西省立第一师范学校毕业后,回到了家乡,在一所小学里面当小学老师,成为了一名典型的教书人。当时,这份工作在家人眼中看来是挺不错的,表面风光且安稳。然而,家人的满意无法抑制住张灵甫那颗不安分的心。

他并非因为自己的工作待遇而忧愁,只是眼见世道不同了,一辈子窝在乡村里做个德高望重的教书先生似乎于社会作用不大。他好歹是个见过世面的人,作为有抱负的年轻人,只求安逸似乎有点说不过去。

张灵甫开始思考自己的未来,思考国家的命运。于是,1923年,他毅然放弃安稳的工作,考入北京大学历史系。当时,自五四运动爆发以来,北大一直是全国学生运动和思潮交汇的中心,各种主义及思想的宣传在北大总是不绝于耳,方兴未艾;当时的中国也处于军阀割据严重,社会激荡的年代。张灵甫在北大的学习生活中,深深感受到了社会的变革浪潮,这是他窝在乡村教书所无法触及的。

张灵甫的思想开始发生变化,从教授、学长、同学的口中及各种各样的社会活动中,他明白了救国救民的重要性。所以,他在学生运动的洪流中,没有慷慨激昂地喊口号,也没有轰轰烈烈地办运动,他只是潜心修学,打算以知识来拯救国家。

不过,到了1924年,北京发生了一件大事件——第二次直奉战争爆发,冯玉祥领导了"北京政变"。身在北大的张灵甫感觉到"秀才十年不成事,军阀一朝就变天"的威力。张灵甫开始思考,到底是应该像所有读书人一样,喊口号、论思想比较容易解救社会,还是投身军队,真正保家卫国,捍卫人民来得直接一些呢?

这个问题,张灵甫一直在思考,他需要考虑自己的志向和将来,不过,作为读书人出身的张灵甫虽然有动摇,却并未行动,因为他始终认为,"知识"是改变命运的基础。直到1924年,张灵甫意识到一件被自己忽略了的大事,那就是黄埔军校的成立。黄埔军校可以说是中国第一所集理论和实战知识于一身的正规军校。有了黄埔军校,军队就能摆脱军阀体制,摆脱旧式军事思维，正式和新型军事人才培育模式接轨。于是，几番思量之下，张灵甫坚定了自己的志向，投身黄埔军校。

到了黄埔军校，由于他骁勇善战、能文能武、心思缜密、战略周全，所以很快便成为国民党军队中的一员猛将，并且在抗日战争中浴血奋战，成为著名的国民革命军高级将领、抗日名将。

诚如张灵甫一样，每个成功的人都不是天生注定成功的，大家所在的起跑线都差不多，如果你在人生的交叉点选择了在平凡的道路上追求安稳，那么你就会成为平庸者；相反，如果你在交叉点充分思考了自己的实力，思考了自己的将来，思考了每一步路的走法，那么你很可能以同样的身躯，不同的力量，获取不一般的成功。

你为什么要上北大？想必你的脑海中思考过万千答案，无论你最终能否如愿以偿地考入北大，都不要放弃思考的习惯，它是你今后成功的关键。

没有哪一个北大人是不善思考的，这里是智慧闪耀的圣殿，在未名湖畔，也许正孕育着无数足以改变世界的想法。

北大行动指南：

1. 善于培养自己独立思考的能力

著名的科学巨人爱因斯坦非常重视独立思考和独立判断力的培养，他曾经说过："发展独立思考和独立判断的一般能力，应当始终放在首位，而不应把获得专业知识放在首位。"

爱因斯坦的话表明，在他看来，有自己的一套独立思考系统，比起拥有过硬的专业知识更加重要。或者，这和我们中国儒家大师孔子所强调的"学而不思则罔"有异曲同工之妙。思考就是这么一回事，虽然我们在日常生活中不断吸收新的知识，经历着不同的遭遇，吸收到不同的经验教训。但是如果我们不懂得思考，不懂得运用头脑将知识、经验转化，对这些所收获的知识和经验进行应用，那么这些知识和经验将永远只是一种知识和经验，没法成为我们调整自身、拔高自己的原材料。

相反，如果我们有思考能力，懂得运用自己的知识和经验做出判断，调

第四章 读懂北大的思维，敢想才能敢干

整自己的规划，让自己拥抱心中的目标，才能成为更优秀的人，和目标越走越近。

2. 思考，不要单纯地流于"想"的阶段

当然，我们上面说过"学而不思则罔"，可是这句话还不完整，还有半句"思而不学则殆"，意思是我们在学会独立思考的同时，也要不断殷实自己的知识和经验。因为，思考，不代表天马行空、胡思乱想，它需要有一定的知识作为理论基础，才可以从现有的知识、经验中吸取精华，进行加工和改造。

所谓"巧妇难为无米之炊"，如果我们的脑袋空空如也，那么任凭你怎么个深思熟虑，也不会思考出太多"出类拔萃"的结果来。因此，我们必须要端正对"思考"的看法。思考，不代表空想，它是"源于现实、高于现实"的一种高要求。

因此，我们必须明白，学习和思考是相辅相成的，学了不能不思考，思考的同时也不能不学习、不吸收。只有如此双管齐下，我们才有可能创造出更切合自己预设的美好将来。

北大思考题：

一天，北大教授在课堂上卖弄关子不讲课，而是煞有介事地先问了大家一个问题：某地发生了大地震，伤亡惨重，收音机里不断传出受灾情况以及寻人启事，一位老大爷一直在注意收听收音机的报道。有人问他："收音机里播放过你孙子的消息了吗？"老大爷回答说："没有。"接着他又说："但我知道我孙子肯定平安无事。"请问他是怎么知道的？

学生们低头想了想，不明白教授的本意是什么，于是认真思考各种答案。有的是从常规出发，认为老人的孙子就在家里，所以老人知道；有的则是从脑筋急转弯的思维出发，说问老人问题的很可能就是他的孙子。

教授听到大家的答案之后，笑了笑说：其实，那是因为他的孙子就是收音机里面的播音员，听到孙子还在播音，自然是平安无事了。

教授这个问题，其实不是什么脑筋急转弯，也不是投机取巧的文字游戏，他只是希望告诉学生们，很多时候，我们的思考方向应该放在"有迹可循"的点子上。比如，故事中出现的人物就只有三个人，老人、提问题的人，还有一个隐性的人物——收音机里面的播音员。回答"提问者就是老大爷的孙子"的同学，很明显缺乏常规思考的逻辑性；而回答孙子很可能在家中的同学则缺乏客观性。由此，才出现了模棱两可的思维现状。

第四章　读懂北大的思维，敢想才能敢干

不要盲目接受既定答案，惊喜总在思考后

北大箴言：

学问之道有五：一曰不欺人；二曰不知者不道；三曰不背所本；四曰为后世负责；五曰不窃。

——黄侃

这只是一个假设：

你跟一个尖子生是邻居，从小学到大学，你们一起玩、一起学习，有福同享，有难同当，遇到难题想都不想就去找他，没两分钟就捋清了思路或是直接照抄，你对此感到十分骄傲与庆幸。

"有这样一个邻居可真好！"

十几年后，你的邻居上了北大，你却在端盘子，难道这就是你所为之庆幸的福气？

现在的不少年轻人，无论在学习上还是生活中，都逐渐显露出一种"信手拈来"的惰性，那就是很机械地记住书本上的知识，或者唯唯诺诺地遵循别人给定的答案，使自己的大脑成为堆积知识的仓库，却不思考和运用。

这个方式其实是不好的，因为，学习和思考是共存、共生的。因为，思考就像一个变废为宝的魔力棒，能让我们从老旧的知识中发现新的知识点，能让我们从过往各种失败、挫折的经验中找出难能可贵的新方法。因此，我们要懂得思考、懂得怀疑、懂得运用，做一个不盲目、不盲从、不唯书、不唯上，有自己想法的人。

就像古希腊哲学家赫拉克利特所说的那样："博学，并不能使人智慧。"因此，在博学的基础上，我们还要懂得提炼、学会思考，只有这样，我们才

能从自己的头脑风暴中发现每一页不同的精彩和惊喜。

　　黄侃,是一个别具个人魅力的国学大师,学术狂人,还是独树一帜的北大教授。他的个性和学术成就固然为人所乐谈,不过不少人却因为他张扬的个性,忽略了他治学的严谨及思维的缜密。观其一生,可以用"率性而活,谨慎而学"八个字来形容。

　　在生活中,他秉持自己的个人原则,曾经因为学生不请他吃饭而拒绝将一个完整的故事向学生说清楚;也曾经因为北大教务处给他发迟了工资而拒绝给学生上课,非得让教务处把他的工资领来了,他才步入教室。

　　于生活,他坚持按照自己的思维来过活。不过,对于治学,他是非常严谨的,可以说是一位时刻让大脑高速运转、精细求学的狂人。

　　黄侃觉得,最讨人厌的就是为了虚名而读书的所谓学者,因为那些学者只会一个劲儿地写书,不断地将自己的知识翻来覆去地使用,却缺乏自身的实践和研习。这在黄侃眼中是不可取的,好比自己懂得技巧就不断卖弄,是难成大器的。所以,黄侃一直很重视对自己思考习惯的培养。比如读书,对于《广韵》这一本书,黄侃前前后后看了100遍不止,不过,他不是单纯地看和读,也不是单纯地把书中的知识记下来那么简单,他更加重视的是自己的思考成果。

　　所以,为了把这书上的内容想个透彻,刨根问底,黄侃综合清朝顾炎武、戴震以及师傅章太炎等人的论述,动用大量文献资料,和书上的内容进行综合排比,一遍又一遍地查阅、比对,最终敲定了古声十九类,古韵二十八部。

　　可以说,黄侃就是这么不一样,他精于探索、善于思考,总是懂得在前人理论的基础上提出质疑,提炼自己的想法,推陈出新。黄侃经常会看着书本思考得入了迷。有一次,他正在家里潜心研究国学,苦苦沉思当中的奥秘,由于终日不出家门,他准备了馒头、辣椒和酱料,摆在书桌上,打算饿了就用馒头蘸点辣椒和酱料充饥。可是他想得太入迷了,以至于把馒头蘸在砚台中,用墨水拌馒头吃自己也不知道。也不知道吃了多少个墨水馒头,直到他的一个朋友进门探望他,看到他的大花脸,他才意识到自己原来吃了墨水。

　　黄侃就这样,凭借着自己严谨治学、勤于思考的习惯,成为了中国近代史上不可或缺的国学大师。

从黄侃大师的个人经历中我们可以发现，大师之所以成功，很大程度上就在于他那颗善于思考、精于思考的头脑。或许，在生活中，我们不一定每个人都能成为大师，但是思考的作用是无处不在的。

只要我们能多思考、勤思考，逐渐培养出善于思考的头脑，我们就能更加接近自己的顶峰，能在人生路上发现更多惊喜，成就出自己的一片天空。

所以说，做人不能懒，起码不能让脑袋偷懒，不要过于盲目地接受别人给定的答案，要多想多试，试着用"思考"去发现不一样的东西。

北大行动指南：

1. 以"改变自己"作为思考的原动力

一个平庸之辈往往不是因为时运不济，也不是环境使然，很多时候是源于定位问题，对于成才的欲望不够强烈，观念不够端正。诚如我们小时候，每天没有太多东西需要考虑，总是衣来伸手，饭来张口，这样的日子是无忧无虑的，但是也一无所获。人总是要长大的，在成长和发展的过程中，如果我们还是希望自己一味随遇而安，生活给我们什么，我们就要什么；工作给我们什么，我们就要什么，那么无异于原地踏步，是不会获得进步的。

因此，我们一定要用"改变自己"作为思考的原动力，在别人给我们答案的时候，我们要考虑一下它是怎么来的；当生活给我们一种境遇的时候，我们也应该思考这是不是自己想要的人生。

人活着一定要有所期望，这是每一个北大人都明白的事，这也是他们聚集于此的原因。当我们有期望、有憧憬之后，自然就会开动脑筋去想方设法地改变自己，赢得属于自己的人生。

2. 明确优势，学会"选择性思考"

管理界有一句名言：世界上没有无用的东西，只有放错位置的资源。我们的脑力和思维也一样，很多人在生活中也会经常转动脑子想事情。可是思考没那么简单，还要想在点子上，才能让思考落到实处，发挥出应有的作用，这也是普通人与北大人的差距所在。

现在的很多学生，不思进取，不思考与学习和工作相关的内容，反而将很多时间和脑力用在花前月下和天马行空的白日梦中。当然，并不是说感情不重要，只是，人的精力是有限的，鱼与熊掌不能兼得，如果我们过多地将精力花在思考感情和幻想中，那么学习、工作上的思考时间自然会减少。这是资源错置的一个典型例子，还可能让人形成杞人忧天、多愁善感的情绪。

如果你多去几座高校转转，就会发现不同之处：当普通高校的学生们沉迷于美好爱情的时候，北大的学子们却将更多时间用在了更有意义的事情上，而他们期待中的美好爱情其实从未走远。

所以说，我们在思考之前，首先要给自己定好一个大方向，明确自己的优势，将仅有的脑力花在有利于我们进步的、更有意义的事情上。

北大思考题：

一位年轻的北大女学生的祖父是退休的北大图书馆馆长。一天，女学生正在阳台看书，祖父走过来和她聊天，问了她一个很有趣的问题。

祖父问：有一个年轻人，他要过一条河去办事；但是，这条河没有船也没有桥。于是他便在上午游泳过河，只一个小时的时间他便游到了对岸。当天下午，河水的宽度、流速及他的游泳速度都没有变，可是他竟用了两个半小时才游到河对岸，为什么？

女学生学的是物理，她费尽心思地从物理角度去分析祖父所提的问题，认为其中必然有什么奥秘，却百思不得其解。后来祖父笑了笑说：两个"半小时"就是一个小时啊！

其实，这位退休北大图书馆馆长是希望告诉自己的孙女，很多时候，一些看似平凡的事物是很容易被忽略的，诸如我们的文字，很微细，但很奥妙；诸如我们的生活小片段，简单、重复又机械，但是个中却有不少我们急需探寻的道理。要学会思考，就要尊重细节，将日常司空见惯的东西进行拆解，不要过于既定地认为人们所说的"两个半小时"就是150分钟，很可能，只是换了个提法，指的是两个30分钟呢。

第四章 读懂北大的思维,敢想才能敢干

看事物之前,戴一副"质疑"的有色眼镜

北大箴言:

凡古今名人学术之成,皆由辛苦,鲜由天才;其成就早者,不走错路而已。

——黄侃

苏霍姆林斯基是著名的教育家,他曾经说过:"孩子提出的问题越多,那么他在童年时期认识的周围的东西也就越多,在学校中越聪明,眼睛越明,记忆力越敏锐。要培养自己孩子的智育,那你就得教给他思考。"

当然,我们现在不是小孩了,可我们都是从孩子成长起来的,试着回想过去,真的有做到思考和质疑了吗?

中国有一句古话:"小疑则小进,大疑则大进",说的其实是一样的道理,很多时候我们会发现,"问题儿童"长大了之后,思维会变得特别活跃,懂的事物也会相对多一点,归根到底这是一个"求知欲"的问题。就像在课堂上、在生活中,别人告诉我们一个现象、一种知识,我们得有"问题儿童"的心态,多问一句"为什么?",为什么是这样,为什么不是那样……只有这样,我们才能让自己懂得更多,学得更多。

求知欲与质疑精神是哈佛大学不成文的校训,在西方,人们将这种敢于质疑、敢于对权威说"不"的思维定名为"Critical Thinking",拥有这种思维逻辑的人会善于抓住事物的核心要领,质疑辨析,严格推论,挑战权威,树立自己的一套理论,并将这种思维贯彻到日常生活中,使自己有更大的动能去求知探索。

今日的中国,敢于质疑的人越来越多,而这股风潮正是源自北大,其中

会聚着整个中华民族的思想先驱。他们是大中华的未来，他们从不盲目接受既定答案，他们通过自己的质疑、推论和辩证，衍生出属于自己的思想和定论。

钱玄同是五四运动的标兵悍将，是一代国学大师，1915年，他在北大任文字学教授，开启了人生中最辉煌、最颠覆传统的一页。

钱玄同出生于浙江的名门望族，书香门第，从4岁开始学习中国古学，奠定了深厚的传统文学功底。1906年，他成为了浙江省官派留学生赴日留学，在那里他结识了章太炎，成为章太炎的得意门生。当时，章太炎和康有为是清代末年的殿堂级大师，不同的是章太炎擅长古文经学，康有为则偏重今文经学。1910年，钱玄同学成回国，读到康有为的《新学伪经考》，大为震动，开始质疑古文经学。

放在现在，质疑师傅所教授的知识是"情有可原"的，不过放在一百多年前，质疑章太炎的古文经学就使钱玄同背上了"背叛师门，离经叛道"的骂名。但对此，钱玄同毫不退却，他坚持自己的见解，质疑古文经学，于是顶住压力，潜心研究。

到北大任教后，钱玄同已经是学术界的大师级人物，不过他的思想还是深深地受到康有为一派的影响，希望用"光复旧物"的思想推翻当时中国的腐朽思想。只是，事情发展到袁世凯出场的历史时刻，有了戏剧性的转变。袁世凯企图复辟帝制，让钱玄同质疑自己的复古思想。他开始怀疑自己希望用传统经学来革新中国思想界面貌的思维是对还是错。

诚然，推翻自己的思想，否定自己的预设，对于谁来讲都是一件困难的事。不过善于质疑、忠于真理的钱玄同做到了。他勇于站出来，告诉别人，自己以往的复古思想是错的，他迅速从一个复古主义者转变为激烈的反传统主义者，否定了中国传统文化，推崇西方文化。及后，正因为他自我质疑、自我否定的气魄，使他成为了新文化运动的重要人物。

可以说，能以一个精通中国传统学问的大师身份，对自己从事的学问如此釜底抽薪地否定和颠覆的，大概也只有钱玄同一人了。

质疑权威，颠覆常规，需要的是一种气魄，同时也是一种坚持己见的动力，从钱玄同的个人思想转变中我们可以看到，很多时候，接受预设答案，接受别人传授的思想，确实能让我们站在伟人的肩膀上，看得更远，但是，那不过是别人告诉你的风景，你永远走不出这个框框。

相反，如果我们能善于质疑，凡事带着一种批判性的思维去看待事物，哪怕最后得出一模一样的结果，也比不善质疑的人多吸收了一个探索求知的过程。

因此，我们要培养自己质疑的思维，学会用不一样的眼光看待事物，学会用自己的思考探索和建立属于自己的思维。

北大行动指南：

1. 给自己的想法一个明确的高标准和高定位

对事物的质疑，很多时候源自我们的想法，如果我们把自己的想法定位在中下水平，那么我们会缺乏质疑权威的动力，或者说，缺乏挑战权威的勇气。正如故事中的钱玄同，如果他没有挑战师傅的勇气，没有推翻旧理论、奠定新思维的勇气，那么，他怎么可能成为一代大师呢？

北大学子在这方面做得非常好，在北大的各门课堂上，你总会看到不同的、挑战权威的身影，当教授讲述一个知识点的时候，有的北大学子会举手质疑，提出反对意见，并毫不隐晦地说出自己的想法。这样的学风在教授眼中，非但不是"离经叛道"，反而是极力提倡的。因为，在北大，质疑是一种精神面貌，也是一种学生必备的素质。

年轻人，在生活中一定要给自己一个较高的定位，给自己挑战权威的勇气，一定要相信自己能行，不能满足于平凡安逸的生活。

2. 怀疑，是走向成功的第一步

哲学家狄德罗曾经说过：怀疑是走向哲学的第一步。其实，不仅仅是哲学，对于我们生活中的学问和所有知识也是一样，只有我们对前人的想法、对现实的表象加以怀疑，从别人的定论中提炼出自己的疑问，才能发现前人观点和现实情况的不足之处，才能从中孕育出自己的新观点。

如果我们对所学知识不加怀疑地全盘接受，实际上很难掌握并自由运用，我们只是刻板地记住了这个知识而已，长此以往，盲目学习者很可能成为死读书、生搬硬套之流，这也是北大学子最无法接受的一点。每个人都该明白，提出问题有的时候比解决问题更加重要，我们要像北大人一样，对生活、对现实提出问题；我们要学会怀疑，在提问的基础上，再致力解决问题，这样才能发现新的闪光点。

北大思考题：

一次，一位北大教授问正在刻苦读书的学生们：有一辆没有开任何照明灯的卡车在漆黑的公路上飞快行驶，天还下着雨，没有闪电、没有月光，也没有路灯。就在这时，一位穿着一身黑衣的盲人横穿公路！在这千钧一发之际，汽车司机紧急刹车，避免了一次恶性事故的发生。为什么会是这样呢？

学生们可聚精会神了，大家赶紧想答案，想了好一会儿，大家给出了各种千奇百怪的回答，只有一位学生不敢肯定地说：大概，那是白天吧？

怎么会，教授不是说那是漆黑的公路吗？怎么会是白天？

教授笑了笑说：确实是白天，我说漆黑的公路，是形容公路的颜色的。

教授希望学生们明白，很多常规性的东西，都是我们约定俗成地给自己安插的，比如，什么类型的人应该用什么形容词，什么状况应该怎么处理，这些都是我们按照惯性思维去想的。不过，倘若你能勇敢地去质疑，你就会发现，其实每个事物都是相对变化的，没有一成不变的东西，比如"漆黑"，它一出现，我们就会联想起夜色，联想起光线。但是，"漆黑"还可以形容一件事物的颜色。因此，要学会大胆质疑。

第四章 读懂北大的思维，敢想才能敢干

学会换位思考，保证让你得到更多

北大箴言：

知识我也不要，名誉我也不要，我只要一个能安慰我体谅我的"心"。一副白热的心肠！从这一副心肠里生出来的同情。

——郁达夫

听过这样一句广告词"只有经历过才能懂得"，这是非常绝妙的营销方式，同时道出了人生在世的一个重要道理——换位思考，有时候比夸夸其谈实用得多。

诚如我们的生活，发生在身边的事例总是令人印象深刻。因此，如果我们想要更好地了解生活，了解别人的想法，真正掌握那些我们看似懂了却未曾体会的经验，就要细心观察，换位思考，多站在别人的角度上思考问题，这样，我们才能更好地理解别人的想法，从别人的想法中积累出自己的经验。

而且，换位思考有时候还会为我们带来意想不到的收获，因为换位思考本身是一个分析的过程，也是一场心理博弈。我们每个人都有自己的立场和原则需要坚持，如果在与别人的思维对弈的过程中，能切换一下角度，站在不同的立场和原则上思考问题，往往会有"柳暗花明又一村"的感觉。尤其是当我们遇到困难，思想钻进死胡同的时候，换位思考随时能派上大用场。

郁达夫是我国著名小说家和诗人，他毕业于日本东京帝国大学，拿到了经济学学位，回国后，到北大任教。虽然他文笔卓越，但是由于大学专业所限，他教的不是文学，而是政治、经济及史学系统统计学。

郁达夫虽然此时已经在北大讲课，可是担当统计学讲师却非他所愿。他

真正钟爱的是文学，可是自己的文学创作之路却非坦途。可能是由于曾经在文学发展的路上苦苦挣扎过，因此，郁达夫对那些在现实生活中煎熬拼搏的青年多了一份难能可贵的理解。

1924年11月，他收到一封求助函，寄信的人叫沈从文，沈从文在信函中尽诉衷肠，讲述了自己的求学梦、求知梦，以及希望在文学创作之路上一展抱负的决心。看到这封信之后，郁达夫换位思考，从沈从文的处境分析，他能够理解在那个温饱都成问题的年代，有追求是多么艰辛、多么难得的一件事。

于是，郁达夫做了一个决定，他按照信函上的地址去找沈从文，帮助沈从文。于是在1924年11月13日——那天风沙很大——他赶在上课前，坐车到了沈从文的住址。一进屋，他看到一个极为寒碜的景象，大雪纷飞的日子里，沈从文的家连简易的火炉都没有，瘦小的沈从文披着两件夹衣，用棉被裹着裤腿，正在一丝不苟地写作。

看到这一幕，郁达夫被深深震撼了，诚然，在那个年头，给学者大师、教授讲师寄信求助的年轻人不少；挣扎在饥寒交迫的求学、求进路上的青年也不少，但沈从文是其中一个，也是幸运的一个。沈从文告诉郁达夫，他千辛万苦来到北京，就是想得到北京大学的入读资格，他坚信，只有从最好的大学毕业，今后的温饱才能够解决，自己才有可能在文学路上继续走下去。

郁达夫从沈从文敞开心扉的诉说中，感念到他的坚持和志向，他从自己微薄的收入中拿出一部分，给予沈从文作为经济资助，鼓励沈从文继续坚持下去。同时，郁达夫满腔激愤地写下了《给一位文学青年的公开状》，以充沛的激情表达了对沈从文这位青年在社会遭遇到如斯境况的气愤。其后，他介绍沈从文到《晨报副刊》当主编，一个月后，沈从文在《晨报副刊》发表了个人处女作《一封未曾付邮的信》，得到赞赏。郁达夫更乘势而上，介绍沈从文与徐志摩认识，沈从文得到徐志摩的大力推荐，成功进入文坛，以个人的才华，不出几年工夫就享誉文坛，成为中国"乡土文学之父"。

如果当年没有郁达夫，如果当年的郁达夫没有换位思考，设身处地地感受沈从文的境遇，帮助他、提携他，或许当代文坛将会少一位文学大师。当然，历史是没有如果的，懂得感受他人的处境，懂得换位思考，是郁达夫对年轻一辈最大的帮助和慈悲。

可见，换位思考有时候就是这么重要，它可能会成为生活的转折点，可能会成为命运的交叉口。对自己，对别人，也一样，我们要学会换位思考，从体会别人处境的过程中，感悟到不一样的人生和经验，让自己的见解更加丰富。

现实生活中，越是强者，越懂得关心弱者，越懂得从他人的角度考虑问题。因为他们阅历丰富，懂得换位思考，这也是北大学子的过人之处。

在考虑问题时，如果不只是单纯地从自己的角度出发，而是考虑他人的感受，换位思考，便总能更好地处理问题。可以说，在今天，换位思考已经成为一项重要的能力。

换位思考，替他人着想，不是吃亏，你不会因此少了什么，反而会得到更多，这才是北大人应该具备的智慧。

北大行动指南：

1. 设身处地，不要依靠强势而企图改变别人

其实，换位思考的实质就在于设身处地地从别人的角度出发，想他人所想，急他人所急，学会换个角度看问题，学会理解性地看问题。

要知道，无论对方是谁，要改变一个人的想法都是非常困难的，因为每个人所说的话、所做的事都是基于自身的想法和立场，所以总认为自己是正确的。如果每个人都这样想，那么彼此就会形成平行线，没有交集，没有共鸣。

能坚持己见固然是好事，可是如果长此以往，我们就很难从别人的立场中发现闪光点。因此，面对意见不一的情况，不必过于强硬地坚持己见，最好能听听别人的想法，然后换位思考，看看从对方的角度看问题，事物本身会演变成什么样。

北大才子绝不会因为自己出身"名门"而看不起别人，听不进别人的话，反而能够更好地为他人着想，这就是因为他们懂得换位思考，从不因为自身强势而企图改变别人的想法。

2. 多听少说,是换位思考的要求

很多时候,每个人站的位置不同,看到的风景也会不尽相同,但是风景不同不代表对方是错误的。在生活中,人与人之间之所以会出现矛盾,最大的原因就在于理解不足。而理解不足的根结所在,就是沟通不足。每当自己有想法的时候,我们总会急于表达自己的想法,而忽略了别人表达的权利。

这样会造成一个不良的连锁反应,别人没机会说清楚,你就没有机会听清楚,导致分歧越来越大。因此,我们要学会换位思考,首先要多听少说,给别人充分表达自身想法的机会,在了解对方想法的基础上,试着从对方的立场出发,重新看待事物。

给自己一个新的角度,你会发现更多。

北大思考题:

一次,一位文学院教授问了一个学生一个问题:有一个囚犯,被抓到警察局,并被单独关到了一间密封得非常好的小囚室里,在没有可能外人进入的情况下,第二天早晨,囚室里居然多出了一名男士!这是为什么?

学生苦思冥想,都想不出答案,在他的思维中,突然多出一个男性的可能性只有一个,那就是警察给多安置了一位男犯人进去。

不过,这个答案不对,教授摇了摇头。

学生又想了很久,还是没想出来。

后来,教授说,因为这是一名女囚犯,她进了小囚室之后,生了一个小男孩,所以囚室中多了一位男士。

这答案是不是很完美?大概不是特别完美吧,不过教授希望让男同学明白的是换位思考的重要性,男同学永远从男性的角度出发,那么他就永远不会明白女囚犯在囚室出现状况的各种可能性。诚如他在今后的人生当中,如果永远单纯从自己的立场出发,他就很难去思考别人的想法,从而没办法把事情做得更加完美。

"常规"有时是一个笼牢,要懂得重获自由

> **北大箴言：**
>
> 生命都是太薄脆的一种东西，并不比一株花更经得住年月风雨，用对自然倾心的眼，反观人生，使我不能不觉得热情的可珍，而看重人与人凑巧的藤葛。
>
> ——沈从文

每个人都生活在一定的常规之下，社会、环境和家庭背景都会给我们制定出一个相对固定的框框。从咿呀学语到长大成才，从读书写字到努力工作，每个人似乎都有自己的固定轨迹。

难道你从没怀疑过这样的人生轨迹吗？你有没有想过，自己陷在一个牢笼之中，被常规的生活困住了双脚时，你是否有打破这种笼牢的冲动呢？

我相信，那些最终能够考上北大的年轻人，一定是不甘平庸之人，他们受够了牢笼的束缚，他们要打破常规。

是的，很多时候，过于平凡的生活常规，对个人发展实际上是一种无形的约束，从祖辈的生活经验，从周遭他人的际遇中，我们看到了自己的影子，于是随波逐流地走进这样的笼牢中，平庸一生。

人生是一个过程，高低起伏、成败得失都是互为转化的，在人生高潮时，稍有不慎便可能乐极生悲；在人生低谷时，换个思维，跳出笼牢，可能就会迈向更高的境界。

关键在哪里？

这是每一位北大才子都清楚的秘密，现在与大家共同分享：打破常规，敢于突破的勇气。

沈从文出生在美丽的湘西地区，小时候的沈从文并不是典型的乖书生，虽然6岁就入读书塾，但是他总觉得美丽的湘西大自然才是他的书本，所以很早就落下了逃课、不好好学习的病根。

到了1917年，沈家怀揣着"再来一个将军"的梦想，希望沈从文延续祖辈的光耀，从军入伍，一展身手。不过，入伍后，沈从文除了深深地感悟到人性的险恶和生活的痛苦外，似乎并无收获。到了1919年，沈从文被军队遣散回家，他渴望改变，不想再碌碌无为地在乡下打转了，于是便托关系，在芷江警察所找了一份办事员的差事，在这里，他还认识了让自己心驰神往的女神。不过，命运弄人的是，他的初恋是羞涩的、无疾而终的，美丽的女神没能成为沈从文的另一半，他想继续改变生活。

沈从文曾经说过："假若命运不给我一些折磨，允许我那么把岁月送走，我想这时节我应当在那地方做了一个小绅士，我的太太一定是个略有财产的商人女，我一定做过两任县知事，还一定做了四个以上孩子的父亲；而且必然还学会了吸鸦片烟。照情形看来，我的生活是应当在那么一个公式里发展的。"

后来，辗转沉浮的沈从文继续游走在保靖、龙潭等多地，当过司书，做过书记，就这么几许变迁地过了五年。

直到1923年，由于在不同的地方、不同的岗位接触到了形形色色的人，沈从文看到了生活中危机隐蔽的一面，他明白了人的境遇是可以打破的，于是二十出头的沈从文决定把自己的将来孤注一掷，前往北京考大学，希望一展拳脚。

从湘西军人到北京学子，沈从文拿出了极大的勇气，一到北京，他手上的钱就几乎花光了，由于学历低，没有接受到正规高等教育，他的生活非常坎坷，基本上是食不果腹，饥寒交迫。不过，沈从文相信，要改变自己，要改变自己的将来，是要付出努力的，所以，他没有绝望。

由于当时北大欢迎一切有志于学的年轻人，并且允许旁听生自由出入北大选课，因此，沈从文成了"旁听族"，将自己看成是"北大人"，孜孜不倦地学习，甚至比正式学生还要用功。他一边旁听，一边阅读大量书籍，由于是旁听生，沈从文觉得更加方便了，少了学科的约束，少了教授的约束，他每天将大部分时间都花在不同的科目旁听上，一时间，自身掌握的知识有了爆炸式的增长。

期间，沈从文还认识了不少北大学子，他不卑不亢地和来自不同领域的学子交流思想，成为了北大文学中的一片"小气候"。不过，沈从文的学习进步了，生活却依然艰苦，可以说是苦不堪言，房租、温饱都是大问题。他需要半工半读，需要利用业余时间去创造、探索自己的文学发展路，才能有饭吃，才能堂堂正正地考入北大，学习知识，怎么办才好？他开始向当时京城内几个知名的作家写信，倾诉心声，希望这些作家能体恤他这个年轻人，帮助他圆一个大学梦，圆一个文学梦。

在他的执着和努力下，沈从文得到了北大讲师郁达夫的帮助，最终成为了中国乡土文学创作领域上的著名作家。

从沈从文的经历中，我们可以发现，原来生活并非常态的，看似平凡，看似已经铺设好的人生轨迹，是可以根据我们的理想和规划进行突破和改变的，只要我们有改变现实的决心，有釜底抽薪的勇气，我们就能突破自己，突破常规，获取不一样的自由和进步。

当你决心进入北大的那一刻，就是打破常规的开始，如果你有幸梦圆未名湖，那么你的世界将会就此不同。即便最终无缘北大，敢于打破常规的思想也将深深植根于你的意识之中，它会带给你之前从未想过的改变。

北大行动指南：

1. 告别漫无目的，学会和"常规"说"不"

生活就如一场苦行僧的修行，如果我们的脚步没有和目标联系在一起，那么就不可能创造出非凡的成果。见惯了漫无目的、虚度时日之徒，他们每天重复着机械性的工作、机械性的学习，无法挣脱常规的笼牢，成为被生活拴牢的人。

其实，只要我们能够像北大学子那样为自己设定一个较高的目标，就会很轻松地找到生活的动力，驱使自己努力去实践梦想，这样，我们就更具勇气去挑战常规，突破平凡，敢于和既定的未来说"不"，下决心改变自己的将来。

所以说，动力是非常重要的，我们必须要树立起有目标的人生，给自己突破常规的勇气，获取不一样的成就。

2. 练就坚强的意志，突破常规的制肘

生活中，那些天生身体羸弱的人，可以通过积极和持久的锻炼来让自己变得更加强壮；懦弱的人，如果能看清楚自己的缺点和不足，依靠努力和耐心也能让内心强大起来。所以说，如果我们意志薄弱，缺乏突破常规的勇气，同样可以通过意志训练来让自己变得更加坚强，让目标变得更加坚定。

要训练自己的意志，我们可以向生活中的强者学习，向优秀者学习，向努力不懈的人学习，而北大精英绝对是最好的榜样。定下目标之后，借助"目标""意志"和"信念"这三种力量，支撑自己，坚定不移地走下去，这样，突破生命常规，就指日可待了。

北大思考题：

有一天，北大法学系的课堂上出现了一阵阵的哄堂大笑，因为风趣的教授向学生们提问了一个很有趣的问题："达可号"驶向了波涛汹涌的大海，虽然它可容纳50人，但这次却只坐了20个人。根据在海上巡逻的人说，"达可号"在离港仅40分钟后便开始突然下沉。据后来的调查指出，"达可号"突然下沉，并非因为它有破洞或发生爆炸之类的事故，那么原因是什么？

不出几分钟，同学们都想到了答案：那是一艘潜艇。

教授想考倒学生的如意算盘没有打成，但是却很开心。这个问题不难，关键是思维发散。我们常规中说到船只沉没，总以为是事故发生，却不想想，非常规的船只，如潜艇，其本身的功能就是会下沉的。

学生的回答让教授很满意，说明学生们初步具备了突破常规思维、发散思考的能力。

第四章 读懂北大的思维，敢想才能敢干

会思考的人从不闲着，闲着的人都很难成功

北大箴言：

为了一时的困难，就这样哭哭啼啼的，还想要自杀，真是没出息！你手中有一支笔，怕什么！

——沈从文

人生，活着就是一种竞赛，思考能力将决定你的路能走多远，走得有多精彩。所谓思考，其实就是表示我们要有自己的思维方式，在看待事物，面对事物的时候，能够依据自己的思考去应对事情的发展，不人云亦云，不被别人的思想和言论左右。虽然说很多时候，我们借鉴别人的想法来解决问题是一个不错的选择，但是如果不假思索，全盘接受别人的想法，那么，只不过算是对别人思想的一种克隆。

对于北大学子来说，独立思考早已成为一种习惯，让他们全盘接受别人的想法，简直是不可想象的事情。

生活中，很多年轻人缺少独立思考的能力，不敢发表自己的想法和意见，因为他们害怕自己的想法是错误的，这是缺乏自信的表现。

路毕竟要自己走，走弯路是不可避免的，因为怕犯错而不思考的人是愚蠢的，他们的人生毫无意义。

只有善于思考、善于总结，才能吸取失败的教训，获取成功。

徐志摩从小跟随张树森老师学习古文，打下了非常扎实的古文基础，成绩总是名列前茅。在刚满14岁的时候，酷爱文学的他就开始在校刊上发表论

文，提倡有利于社会发展的传统思想。

到了1917年，北洋大学法科并入北京大学，徐志摩成为了北大学生。在北大的两年，他的生活增添了不少新鲜的内容，思维也开始出现了翻天覆地的改变，他开始思考自己所学的古文，思考中国传统文化，尤其是在目睹了军阀混战、屠杀无辜的景象后，他开始厌弃所谓的古文学习和封建思想。他认为，要寻求改变中国现状的良方，唯有学习西方先进思想。于是，徐志摩在1918年，毅然离开北大，起程到美国克拉克大学，入读历史系，选读社会学，希望自己能成为中国的"汉密尔顿"。

在中西文化、新旧文化的冲击下，徐志摩彻底从古文根底中转求西方哲学思想和政治学思想。原本，他一心追求哲学，但是都说思考者是从不闲着的，当他成功获得克拉克大学历史学、经济学学士学位之后，他旋即转入哥伦比亚大学进修经济学。

不过，到了1919年，徐志摩永不停息的脑袋又开始忙起来了，因为1919年，中国发生了五四运动，这股巨大的思想旋风刮到了在美国的中国留学生群体中，爱国的徐志摩在美国经常阅读《新青年》《新潮》等杂志，加深了对中国新思维的认识。他积极参加当地留学生所组织的爱国活动，自己的发展方向也渐渐从经济学、社会学向文学转型。

1921年，在林长民的推荐下，徐志摩认识了英国作家狄更生，在狄更生的介绍下，徐志摩以特别生的身份入读剑桥大学，在英国的两年时间内，他充分接受了西方教育的熏陶以及欧美浪漫主义的影响，成为了新诗创始人。

当然，徐志摩的故事还有很多，他对爱情的追求，对真爱的执着，以及字里行间的缠绵等。不过，综观徐志摩的一生，我们会发现他的跌宕起伏，以及不依不饶的坚持，每到人生的转折点，他都会认真地思考，走好自己的每一步，想好自己的每一步，走出自己独树一帜的风采。

或者，人生就是如此，你永远没办法为将来做好全盘计划，你也没法知道自己的下一步到底是对还是错，关键在于你对自己的思考。因此，我们要像北大学子那样建立一种善于思考的品质，让自己的思维别空闲着，无论是从

第四章 读懂北大的思维，敢想才能敢干

个人经历，还是别人的经验中，我们都可以多想想，如何能让自己变得更好。

北大行动指南：

1. 做个有主见的人，勇于说出自己的想法

如果你跟北大人聊天，就会发现他们的想法很特别，他们的思考力、洞察力、见解，等等，往往超出常人一个档次，随着你越来越喜欢跟他们聊天，也终于发现了自己的粗鄙与无知。

善于思考的人，往往比较善于生活，他们是这个星球上最有主见的一群人，他们引领生活，他们创造生活。

无论时代如何发展，世界都是属于善于思考的少数人的，即便你无法成为这样出类拔萃的一群人，也至少要做一个有主见的人，敢于说出内心的想法，不要让他人操纵你的生活。

2. 培养思考能力，就要敢于"做梦"

从各个伟大发明家的经历中，我们会发现，他们的想法在当时的人们看来是多么疯狂，他们发明的东西是当时人们想都不敢想的。那么，到底是什么驱使他们做出了如此伟大的发明呢？

其实，这源于"做梦"的动力，先要敢于做梦，敢于凭空想象，然后根据自己所掌握的知识、所追求的目标，努力思考和探索，然后才能获取成功。

世界的进步，源自梦想家的推动，他们不是疯子，他们是梦想制造者。

北大学子不仅善于思考，而且敢于做梦，他们很清楚，只有梦想才能推动人类的进步，才能撬动巨大的脑力风暴，所以他们要做一群"痴心妄想"的追梦人。

北大思考题：

在司法考试之前，教授为了缓解一众法学院学生面对司法考试的紧张气氛，问了学生们一道思考题：马路上发生车祸碰撞事件，当警察立刻赶往时，司机虽然全力相助，却有一人死亡。依司机的说法，此人并非死于车祸，而是因肺癌丧命。因同坐车的只有司机和死者二人，根本没有目击者；但是，

101

警察却立刻明白，司机并没有说谎。这是为什么？

　　学生们可能是因为复习考试把脑子都填实了，习惯性地以为教授在司法考试前问这样的问题一定和法律有关，于是纷纷从法律角度对问题进行阐释。

　　其实，这个问题很简单，因为这个司机是以灵柩车运送这位死于肺癌的人的，那么，警察自然知道他没有说谎喽。

　　教授把答案一说出来，学生们有一种被忽悠的感觉。其实教授的本意是希望告诉学生，很多时候，我们容易被惯性思维所左右，被自己生活环境中的固定思维所左右。比如，你学法律，就以为任何事情都和法律有关。这样的想法不是不对，但是有点狭隘，如果可以的话，尽情发散自己的思维能力，往不同的层面想事情，才是最好的。

第五章
北大与你在一起,学会和困难握手

上天是公平的，在于它对每个人都不公平

北大箴言：

如鱼之离水而处空，如鳖跛者之挟拐以行，如短于精神者之恃鸦片为发越，此谓之失其本性。

——严复

总会遇到一些壮志未酬者懊悔当初自己没有咬紧牙关、狠下决心，甚至后知后觉地发现自己当初没有努力，现在只能对着别人所获得的财富和地位"羡慕嫉妒恨"，却无能为力。

或者，在这些懊悔的人当中，有一定百分比的人会觉得这是上天的不公平所致，这样的心态就好比我们埋怨为什么有的人能中彩票、赢大奖，偏偏自己中不了一样。

不过，一旦产生这样的想法，我们就该扪心自问，人生能不能像买彩票一样押赌注？人生和成功之间没有正比，因为赢大奖、中彩票而一夜暴富，那是人生中刚好出现的意外，这种意外的概率很低，低得万里挑一，因此，我们不能指望自己的人生总是比别人幸运，幸运是不可靠的，可靠的是我们自己。

因此，我们与其花时间去感慨上天对我们不公平，不给我们一夜暴富的机会，还不如下定决心，用自己的实际行动改变命运。

要知道，当你在感叹与抱怨的时候，还有一些人已经开始行动了，他们要靠行动改变自己的命运。能考入北大的学生，并非出自名门望族，他们都是来自五湖四海的平凡人，他们都很清楚一个真理，那就是：上天是公平的，因为它对每个人都不公平。

第五章 北大与你在一起，学会和困难握手

当你觉得自己拥有得太少，别人得到得太多的时候，北大学子已经开始行动，他们要用努力去得到梦想中的一切。

一切的成果得靠我们的双手去创造！

北大之所以成为中国响当当的名牌学校，是因为它所孕育出来的人才，世世代代地带领着社会发展，引领着社会潮流，这些是谁给予的呢？

其实，这多亏了一代又一代的北大校长们。

说起北大著名的校长，很多人都会想到蔡元培、严复等人，不过，在歌颂著名校长的同时，我们不能忘记那些曾经为了创办北京大学而费煞心神的人，那就是北京大学的创办者、开路人，如果没有他们，北大的历史也许真的会为之改变。

李端棻就是其中一位非常重要的北大先贤。我们知道，北京大学的前身是京师大学堂，而他就是第一个正式提出在京师设立大学堂的人。

李端棻是同治年间的御史，曾经多次担任广东、陕西、四川等地的乡试主考官。在光绪十五年，李端棻以大学士的身份到广东主考乡试时，发现了一位影响了中国近代的才子——梁启超。从此，李端棻和梁启超结下了不解之缘，李端棻十分欣赏梁启超。作为晚清高官，李端棻其实只要简简单单、平平淡淡，就足以衣锦还乡，但是作为一名饱读诗书的名儒，他有自己的抱负。于是，他渐渐地受到梁启超、康有为等人的感染，提倡新政，主张变法图强。在光绪二十二年，也就是1896年，他给朝廷发了一道折子——《请推广学校折》。在折子中，他全面提出了系统的中国封建教育改革方案，建议朝廷建立现代学制，奏请光绪帝在北京设立京师大学堂，重点教习外文、天文、地理、数学等。在这个折子中，维新派的梁启超费了不少工夫，由梁启超执笔，李端棻上奏。

在大家的努力促成下，维新变法轰轰烈烈地登上了历史舞台。在1898年6月，京师大学堂正式成立了。

不过，最后的结果我们都知道，历史是没有如果、也没有假设的，维新变法在历史舞台上匆匆露面了百日，就暗淡收场了。

"六君子"壮烈牺牲，康有为和梁启超逃往国外，李端棻年老被贬，发配新疆，足足在外流放了3年之久。当时，李端棻已经是六旬老人了，年老的他在边疆历尽坎坷。终于在1901年，朝廷念他为官几十年以来，对朝廷有功，特赦了他，让他返回了原籍贵阳。

这时候已经69岁的李端棻并没有因为晚年的体弱多病和坎坷遭遇而丧失激情和斗志，他始终认为，新式学堂、现代学制是改变中国教育的关键，是改变中国的关键。于是，他回到老家后，依旧宣传维新思想，传播西学，用自己仅有的积蓄开办学校，广开风气。

人生就是如此，当李端棻平步青云的时候，很多人或许会觉得上天对他很是眷顾，但是人总是要有追求的，无论你现在富有还是贫穷，只要有追求，够努力，你的将来就会为之改变。

诚如李端棻那样，从一名高官跌落至"凡间"，为的就是自己的坚持，并且，这种坚持是持久的，哪怕在被贬官之后，哪怕在病弱的暮年，他始终不改变，创出了自己希望成就的一片天地。

可见，上天是公平的，不要只着眼当下的得失，笑到最后、赢得未来的人才是真正的赢家。

北大行动指南：

1. 爱上"先天缺陷"，并以此为动力

人的欲望是永远没有止境的，富有的人希望更漂亮，贫穷的人希望更富足，所有人都希望自己更幸福。总之，人生就是各种不满足，这些导致不满足的原因在我们眼中成了与生俱来的"缺陷"。

我们都不完美，人生亦不完满，如何对待这些所谓的缺陷，就成了造成人与人之间差距的最大因素。

如果我们冷静思考一下，就会发现很多事业有成、站在顶峰的成功人士之所以能如此成功，就在于他们成功激发出了潜能，克服了阻碍他们成功的缺陷。

不是每个北大学子都具备良好优越的家境，相反，更多孩子的家庭条件很差，差到城市里的孩子不敢想象的地步。如果贫穷也是一种"缺陷"，那么这将成为他们最大的动力，也是最先克服的一道坎儿。

威廉·詹姆斯说道："我们的缺陷对我们有意外的帮助。"因此，我们要爱上自己的缺陷，以克服缺陷作为动力，让自己变得日臻完美。

2. 要有永不屈服、死不认输的气魄

或许，每个人都有不堪回首的往事，不想记起的坎坷；或许每个人都有自己曾经无限渴望、可是终究没有完成的期望。病痛的折磨、生活的压力、事业的失败，等等，都是我们不得不面对的逆境，谁屈服谁就输了。

也许你可能会自欺欺人地觉得，你已经努力过无数遍了，你已经因为奋斗而耗尽心血，你也因为失败而变得遍体鳞伤；你觉得你是没机会成功了，你觉得上天对你不会眷顾了。一旦你这么想，你就真的彻底输了。

再难解的题也有答案，北大人始终相信，没有到不了的彼岸。一日屈服，一世屈服。传承千年北大精神，做一名永不服输的青年。

北大思考题：

在一次交流讲座中，北大教授给学生们出了一道思考题，题目是这样的：一天，一位小女孩来到著名珠宝鉴定专家露丝小姐面前，跟露丝小姐说："露丝小姐，请收我当您的徒弟吧，我想拜到您门下当徒弟。"

露丝小姐说："要想当我的助手，必须经过考试才行。那么，先出道题考考你吧。"露丝说着拿出三个完全一样的珠宝箱，放到桌子上，箱盖上分别别着签，上面写着"钻石""红宝石""蛋白石"，可是，箱子里装的东西与外面的标签内容完全不符。现在不知道哪个箱子里装的是钻石，哪个里面是红宝石和蛋白石，你得透过宝石箱外面的标签，猜出三个盒子里面哪个放的是最珍贵的。"

教授说完问题，便问大家，你觉得哪个箱子里面装的珠宝是最珍贵的呢？

学生们觉得这个题目蛮难的，教授又没有给提示，谁知道那位珠宝鉴定专家露丝会将最宝贵的东西放在哪个盒子里呢。

想着想着，一位学生跳起来说："反正就每个箱子都打开来看看嘛，又没说只能开一次。"

教授听到这个答案之后，笑了。

其实，这个学生回答得没错，三个珠宝箱子就像我们人生中的不同遭遇，我们打开箱子的机会是平等的，无论打开的是哪个箱子，我们都必须承担结果。不过，幸运的是，其实打开一个箱子之后，当我们发现这不是我们想要的，还是可以重新打开别的箱子的。因此，不要给自己的人生定性，其实，无论目前的情况如何，你还是可以选择的。

第五章　北大与你在一起，学会和困难握手

在困难面前，学学"磕头虫"

北大箴言：

古今中外，学术不同，其所以致用之途则一，值智力并争之世，为富强致治之规，朝廷以更新之故而求之人才，以求才之故而本之学校，则不能不节取欧美日本诸邦之成法，以佐我中国二千余年旧制，因时势使然。

——张百熙

我们在生活中容易遇到磕头虫，它是一种奇怪的昆虫，当你发现了它的踪迹，用手捏住它，打算将它就地正法的时候，它就会不断地磕头，把头撞向桌面。作为成功捕猎它的你，一定会以为磕头虫在磕头求饶吧？你是不是正在思考要不要放它一马？

可就在你思考自我怜悯心和杀灭害虫之间到底该如何取舍的时候，磕头虫已经冷不防从你的指缝间逃走了。

其实，磕头虫磕头不过是一种缓兵之计，也是一种逃离本能，它磕头时，将头部用力地撞向地面，然后前身就会产生回弹力，在前身回弹的一瞬间，后脚只要用力一撑就能挣脱你的指缝，接着再奋力起跳，就会逃走。

所以说，磕头虫磕头，不是为了求饶，而是为了逃出生天。

正如我们的人生一样，我们也会遇到各种困难而无法挣脱。不过，这种所谓的"无法挣脱"很大程度上，是我们给自己的心理压力和内心束缚，我们觉得没法逃了，只能干坐着等待坏情况的到来，但其实，会不会是我们积极度不够，缺乏了一点绝处逢生的气魄呢？

在这里，我们想说的是，我们可以向逆境磕头，可以向困难低头，不过这不是出于本意的低头，而是一种战术策略。就像磕头虫的逃生本能一样，

109

当我们觉得环境压得我们透不过气的时候，不一定要和环境与困难硬拼，可以尝试稍稍低头，不必在一个艰辛的环境中一条路走到黑，试着承认自己走不下去了，找一个全身而退的方法，再另谋出路，也不失为一件好事。

不过，粤语中有一句老话："输人不输阵势"，也就是说，面对困难，我们可以低头，另找出路，不必困死自己。不过，我们低头的同时也不能输了心态，不能真正地认输，换个路子来走，不等于停步不前。所以说，我们要学习磕头虫，懂得权宜之计，让自己逃出生天，低头是为了重头再来，而不是自甘堕落。

张百熙是北大前身京师大学堂的第三任监督，他是蔡元培之前，对北京大学最有建树的北大掌舵人。不过，他的治学夙愿正如他的人生一样，并不是一帆风顺，总是困难重重的。

张百熙出生在1847年，在年少的时候就已经耳闻目睹帝国列强对晚清的侵害，体会到清政府的无能，明白人们在列强横行下那种水深火热的状态。他志存高远，一心改变时局，为国效力，扭转人们的生活环境。不过，理想归理想，所谓十年寒窗苦读，他从几岁开始努力念书，不过多次参加乡试都没考上，直到30岁那年，寒窗苦读二十余年了，才中了二甲进士。

不过，多年的艰辛可不是吃素的，也许张百熙就差点机遇。在过去挫败的经验中，他明白了能屈能伸的重要，所以前脚一踏入官场，后续的进步就接踵而至，仕途一帆风顺。

到了1900年，已经是清朝大臣的他，被派往英国担任专使大臣。在异国风光中，他明白了自己所生所长的天朝大国是多么的落后。英国的工业、农业、科技、教育等，和晚清的落后都是不可同日而语的。因此，他深深地感觉到，要成为真正的大国，一定要从教育抓起。在英国短短的一年，张百熙细心地记录下了一切他认为值得借鉴、可以借鉴、一定要借鉴的经验。一回国，他便奏请朝廷，重建因为在百日维新运动中兴起，又因为百日维新失败而瘫痪的京师大学堂。

一方面，他根据英国的经验，不断完善京师大学的规章制度，另一方面，他当务之急是不遗余力地吸纳优秀人才来大学堂当老师。可是，知易行难，京师大学堂不比现在的北大，当时还是一个牙牙学语、羽翼未丰的新兴产物，如何请到德才兼备的老师是张百熙遇到的一大困难。

这时候，他想起了吴汝纶。他亲自请吴汝纶当京师大学堂的总教习。吴汝纶是桐城派领袖，是当时著名的散文家和学者，张百熙向吴汝纶提出了设想，希望吴汝纶能担当总教习，对此，不起用教学大臣，不用官僚，选用有才之能人。这固然和张百熙"破除积习，不拘成例用人"的倡议同出一辙。不过，神女有心，襄王无梦，张百熙跨出了自己的第一步，吴汝纶却不领情，简单的一句"年老体弱，学识浅薄"就把张百熙搪塞过去了。

张百熙不是傻子，自然明白吴汝纶只是因为不信任官办京师大学堂的前途而婉拒的，面对这样的困局，张百熙没有摆出自己应有的官架子，他甚至以自己做赌，用自己的名誉和人格来恳求吴汝纶。他知道不能单纯依靠嘴皮子功夫来说服吴汝纶，于是，他不管自己是不是朝廷重臣，穿着官服便长跪不起，说自己代表全国学生，下跪恳求吴汝纶为国效力，为人才做师表，给千千万万读书人一条好出路。

在当时，不管你是大作家还是老大神，在官员面前，不过也就是平民一个，那时候，只有大神跪大臣，哪来大臣跪大神的道理啊？吴汝纶为张百熙这种求才若渴，宁可牺牲个人名誉也要为学子们求一名好老师的行为而深深感动。

吴汝纶最后自然是在张百熙的请求下出任了京师大学堂的总教习，也和张百熙携手为近代中国的现代化教育制度设立的奠定而做出了不懈的努力。

作为中国近代教育制度奠基人的张百熙尚且有下跪的勇气，你有吗？

其实，不论是高官还是普普通通的平凡人，我们在生活中总是会遇到困难的，要想扭转逆境，突破困难，我们就得有能屈能伸、敢于向困难低头、另谋出路的勇气。说这是勇气，一点都不为过。

很多人在困难面前之所以痛苦，就是因为不肯承认自己失败、不想承认自己错误罢了。要知道，即便北大的天之骄子也有承认失败的时候，他们不是服输，而是转换策略，当一条路走不通时，马上寻找新的途径。只要勇于承认自己的错误，像磕头虫那样，适度低头，好的出路就会等着我们！

北大行动指南：

1. 低头认错，才能抬头做人

从小到大，父母师长总教我们要抬头挺胸做人。抬起头来走路，代表我们要对自己、对将来、对自己所做的一切充满信心，这是一种对自我的肯定。

不过，人生有趣的地方在于，在我们昂首挺胸的同时，我们容易忽视脚下的小石头，甚至会掉进逆境的泥潭，很多困难就会应运而生。如果在这个时候，我们还是一味看着高远的前方，那么，我们可能永远走不出困境。

因此，面对这样的逆境，我们要有心理准备，要敢于承认自己走错了，低头认错，才可以换取重头再来的机会。

面对困难，我们要有认错的勇气，想一想那些才华远高于你的北大人，他们也会认错，你何苦一味坚持？

此刻低头认错，是为了下一刻抬头做人。

2. 要有"我能行"的心态

即便是"无所不能"的北大人，也需要不时激励自己，他们也会遭遇人生低谷，"我能行""我想做就会做到的""我一定可以"……诸如此类的激励语句能够带来正向心态。

如果我们能有这样的心态，那么哪怕我们暂时没有成功，也始终会保持进步。北京大学之所以人才辈出，不仅因为这些天之骄子才华过人，更重要的是，在他们心底，始终相信自己，"我能行"是每个人自始至终不变的心态。

北大思考题：

一天，北大教授给一位准备入读北大的准新生出了一道思考题：从前有个好自吹自擂的私人侦探说："昨天，我在池塘钓鱼，一个刺客偷偷从背后过来，正要用匕首刺我。这时，我从池塘的水面上看到了他的身影，便迅速挥起鱼竿朝后抡去，正好鱼钩勾住了那家伙的脸，那家伙号叫着逃走了。"听了此话，他的朋友不相信地说："纵然你是个名侦探，这种事也不可能吧？"

教授问那位准新生：那位朋友为什么这么说呢？

新生低头想了好久，没有想出答案。

教授告诉他：其实，那是因为，池塘里面的水是水平的，池畔边的人能看到映在水面上的只能是自己前方的人，那个侦探所谓的"看到刺客在自己背后攻击自己，而被自己看到"，是违反物理原理的。

说到这里，准新生还以为教授出的是物理题目呢。没想教授继续接着说：这是一道人生思考题，告诉我们，很多时候，其实我们只看到前方，却有不少人担心背后有问题会发生，这无疑是杞人忧天的。诚如我们做学问，开展过程中遇到的问题在我们前方，而尚未开展的充满"莫须有"的未知忧虑，其实在我们后方，我们是看不到的。纵然，在前进过程中，我们会遇到突如其来的麻烦，我们也得硬着头皮解决，断不能自吹自擂地觉得洞悉了一切麻烦，而停步不前，不思进取。

学会全方位考虑，扭转逆境

北大箴言：

自译行海外之奇书，新出之政闻，与其人士之居于是或过而与相接者，无不广览而周咨也。

——吴汝纶

我们每个人的性格和生活环境都是不同的，不同的性格有各自的优势与劣势，不同的环境也有自身的优点和缺点，因此，当我们处于逆境的时候，一定要学会扬长避短。

古代大师屈原曾经说过："路漫漫其修远兮，吾将上下而求索。"屈原大师求索的到底是什么？其实，每个人都处于不断求索的过程中，这个求索过程存在于生活中的每一刻，那就是对我们自身以及所处环境的求索，对人生的一种思考。

事实上，我们为之羡慕的成功者，他们并不是不会犯错，也不是很少犯错，很多情况下，他们所犯的错误甚至比我们平凡的人要多、要狠，但是他们终究成功了，那是因为在犯错的过程中，他们能对自身进行求索，看清自己的不足，能在今后的人生中懂得扬长避短，发扬自己的长处，规避自己的短处。就像北大学子一样，我们总是愿意看到他们成功的一面，而刻意忽略他们所犯的错误。

任何求索过程都存在巨大的风险，如果谁因此停下追寻的脚步，则注定了平庸人生的开始。北大人之所以受人敬重，是因为他们在深陷困境的时候，能够认清环境，意识到可能会面对的危机，并通过自我分析，全方位思考，从而最终扭转乾坤。

只有懂得认清自己，懂得审时度势，适当地调整自己，才能以动制静，获取成功。

所谓"做人如水，做事如山"，就是这个意思，做事要坚如磐石不转移，狠下决心，咬紧牙关地踏实做；但是做人的话，有时要像水一样，顺势而为，正如，铁笔砸石笔易折，但是水滴点点却能日久穿石。因此，面对逆境，不要急进，要像北大人一样学会全方位考虑，扭转逆境。

吴汝纶，在咸丰年间中举，曾经被曾国藩聘用为家庭教师。不过，我们说到吴汝纶，除了提及他与掌权大臣曾国藩、李鸿章之间的关系之外，更加重要的是吴汝纶这个人的性情。在京师大学堂第三任监督张百熙的恳求下，他曾经出任大学堂的总教习。不过，在成为老师之前，他是一位文化人，在当文化人的同时，他曾经是一名官员。

到底是什么驱使他弃官从教呢？是他的性情，也是他的追求。

早在吴汝纶任深州、冀州的知州时，就曾经在这两个州开办书院，亲自讲授。他刻苦好学，博览诸子百家之书，笃好文学。在他任深州知州的时候，他发现有的学田被土豪侵占了，教育经费也没有着落，使得当地读书人无处可学。为此，他不畏权势，毅然追讨学田的赋税收入，作为书院的经费，还把深州的高才生全部聚集到书院，亲自登堂授课。每当遇到书院遭受土豪恶霸压迫的时候，他总是第一个站出来，以知州的身份为书院撑起一片天。加上他勤奋好学，不问政事，成日和学生们研习学术，以致时间长了人们都忘记了他是知州，而称他为大师。

不过，都说人一旦有追求就会遇上坎儿，这是一个真理，别看吴汝纶的追求高尚，官运也一帆风顺，但他也是会遇到逆境的。

1902年，光绪帝下令开办新学，张百熙下跪恳求吴汝纶担任京师大学堂总教习，吴汝纶为张百熙的诚意所感动，便答应了，还奏请出国考察教育建设，希望到日本参考别人的现代教育制度。吴汝纶一心办好中国的京师大学堂，于是便率领几个学生东渡日本进行考察学习。在日本逗留的过程中，他和学生们参观了各种学校和教育单位，拜访了各类教育从业员，将自己的所见所闻以及所接触到的思想分类整理，汇编成《东游丛录》一书。

可是，后来发生了一件事，让他的教育梦"郁郁而终"。在吴汝纶于日本考察期间，日本当地还隐藏着一位影响中国的伟人——孙中山。孙中山当时正积极从事推翻满清的革命活动，章太炎在东京发起了"支那亡国二百四十二年纪念会"，鼓吹民族革命，日本留学生响应孙中山和章太炎的革命活动，纷纷发起声援。可是清廷驻日公使蔡钧却出面要求日本政府出动军警制止纪念会的召开，激发留学生的义愤。吴汝纶在中国文化界有影响力，留学生们都对此时身处日本的吴汝纶寄予厚望，而吴汝纶也大力支持留学生们的革命思想。蔡钧为此上报朝廷，说吴汝纶偏袒留学生，助长革命情绪。

蔡钧这么一闹，吴汝纶匆匆回国后，受到朝廷恶势力的排斥。他希望在京师大学堂一展所长，作育英才，振兴中国教育的夙愿也没法达成，便匆匆回乡了。

在很多人眼中，这种事情可以堪称是人生的挫败、事业的低谷。不过，吴汝纶没有被一时的困境所打垮，他太了解自己，他了解自己适合做什么，有何追求。

也许他不适合当官，可是他对教育的梦想始终没有放弃，于是他继续发挥所长，在家乡桐城创办了桐城学堂，继续为中国人才的培养尽自己最大的努力。

当然，桐城学堂的历史地位及影响力和京师大学堂不可同日而语，但是，桐城学堂创办所体现的，是吴汝纶顺势而为、坚持执着的决心。每个人都有自己的目标，目标可大可小，当我们发现某些目标的实现遇到困难的时候，我们是选择放弃还是继续坚持？

或许，你只要拐一个弯，正视自身所处的环境，充分利用各方面的因素，就能从另一个侧面实现自己的目标了。

北大行动指南：

1. 适时、适度地调整自己

我们都知道，通往目标的道路肯定不会平坦，在北大人看来，坦途是给平庸者准备的，他们可以一路没有颠簸地走下去，欣赏途中风景，然而这一切结束之后却会很快忘记。毕竟，没有刻骨铭心的经历，怎来没齿不忘的记忆。

他们当中的大多数人都到达不了目的地，因为他们从未有过像北大人一样的决心。

要成功，就必须要有勇闯荆棘的决心，北大人在成才之前都经历过一条迂回曲折的道路，它就像一条波浪线，总是有高有低、有起有伏。但是，在迂回的过程中，有些人懂得安排休整点，以此适当、适时、适度地调整自己的脚步和规划。这不会放缓你前进的脚步，反而是一种蓄力、调整，是一种聪明的选择，为的是在逆境下充分调整，重新上路。

2. 摆脱"既然如此，还能如何"的诅咒

面对不同的困难，不同人会有不同的思考，有的人会自怨自艾地"认命"，认为造物弄人，该如何就如何，再反驳也是无力的。然而，北大人从不信命，他们直面困难，喜欢挑战，通过与困难的竞赛来突破困境，活出不一样的人生。

和困难比赛，就是要挣脱"既然如此，还能如何"的诅咒，勇敢地挑战人生。好比一场漫长而艰辛的篮球赛，你既要摆脱对手的围攻，又要想想自己如何能突出重围，成功将球送进篮筐。逆境，说白了也是这样，你要考虑自己应该如何摆脱困难带给你的现实掣肘，并且付出不懈的努力和尝试，去突破，去跨越，最终想方设法地达到目标。

如果没有这样的思维，那么你就很容易被困难诅咒，从而失去前进的动力。因此，逆境本身并不可怕，可怕的是我们怕困难。

北大思考题：

一次课堂上，北大教授给大家说了一个案例：一个女人死于停在路旁的车中，车内有一只大蜜蜂在"嗡嗡"地飞。这是一只身上带有黄道的塞浦路斯蜜蜂，她一定是被毒蜂蜇了额头致死的。但是，无论怎么有毒的蜂，只被蜇了一下，人就会当即送命吗？实际上，这是巧妙利用蜜蜂的杀人伎俩。

那么，罪犯使用的是什么手段呢？

学生们纷纷低头思索。

教授说：这是利用了过敏性现象。人体内有一种过敏的奇特现象，如果将某种特定的动物分泌液注射给人，过后再有与此相同成分的物质进入体内，就会出现强烈的过敏，使人受刺激而死。

教授继续问大家，从这个案例中得到了什么启发？

学生们继续面面相觑。

其实，教授是希望大家明白，很多时候，我们都需要从多方面去考虑问题，因为每个人的身上都存在着"致命的弱点"，当然，也存在着"有助获胜"的优势。正如那个过敏性体质的死者，她对蜜蜂过敏是致命性的弱点，而这个弱点被人看破了，所以就能加以利用。因此，在生活中，我们首先要发掘出自己的弱点，努力攻克，这样才能避免有人借助我们的弱点来"大做文章"。

第五章 北大与你在一起,学会和困难握手

凡事不会尽如人意,要懂得站起来

北大箴言:

读书不忘救国,救国不忘读书。

——胡仁源

俗话说,人生不如意事十有八九。我们在生活中总是会遭遇各种让我们愤愤不平的逆境,我们很容易被这些困境所迷惑,甚至被一次次失败所打垮,继而相信宿命。

人生漫长如江河,北大人绝不允许自己永远停留和止步在失败的瞬间,他们懂得在困境逼迫的情况下前进,他们相信,只要努力,世界绝不会将自己抛弃。

的确如此,只要你不放弃,没有人可以抛弃你!

跌倒了,重新站起来,是一种思维,也是一种行动力,需要我们透彻地了解何谓"不如意",因为,人生在世,凡事不可能尽如人意,总有很多事无法控制,也有很多期望会最终落空,正是这种追求与失落间的落差塑造了我们的人生。因此,我们要懂得自我激励,自我调节,明白没有一帆风顺的人生,凡事不会尽如人意,只需不断努力重新站起就好。

那么,我们应该如何在逆境中激励自己,鼓励自己重新站起来呢?我们要学会在压力和困境下自我安慰,自我暗示,自我调整。比如,我们要给自己克服困难的决心,给自己顶住压力的鼓励,给自己敢于挑战的勇气。因为,懂得鼓励自己的人,才有机会像不倒翁那样,富有弹性,扭转逆境,东山再起。

蔡元培因为改革北大，推动北大革新而名留青史，不过，从唯物论的角度出发，实际上，任何事物的发展都是相互联系的、发展的，总是从量变到质变的一个过程。也就是说，蔡元培之所以能成功革新北大风气，改革北大教学制度，并不是一蹴而就的。他之所以能如此成功地推进改革，一方面是其自身能力和谋划之周详所致，而另一方面也不能忽略有利于改革推进的外在因素。

为此，我们不得不提及让北大具备改革条件的重要人物胡仁源先生。胡仁源在英国留学归国后，便出任京师大学堂文科学长，相当于现在的系主任，之后也曾经担任预科学长和工科学长。由于他学贯中西，思维革新，在任工科学长不足一年之后，于1914年1月8日，正式被任命为北京大学校长。

作为北大校长，他当时是京师大学堂转为北京大学的第四任，是蔡元培的前一任。除了蔡元培，他也是担任北大校长时间最长的一位。我们在看到蔡元培对北大改革的贡献的同时，不能忽略胡仁源所做的努力。担任校长之后，他就推出了一系列整顿措施，对本科和预科进行调整和充实，还陆续聘用一些从日本留学回来、倾向于革新派的章太炎弟子到北大任教。就如我们前面说到的黄侃、钱玄同、马叙伦等，就是胡仁源聘请的。而且，胡仁源力推学科设置改革，扩招学生，让北大的风气焕然一新，这为蔡元培后期的全面改革奠定了良好基础。

不过，说时容易做时难，胡仁源在取得这些成绩的过程，个人付出了巨大的努力，也面临着各种困难。民国初年的中国，是一个异常动荡的社会，各种复杂而矛盾的明争暗斗一直在社会范畴内酝酿着。这里不得不提一直对复辟帝制虎视眈眈的袁世凯。为了让自己名正言顺地当皇帝，袁世凯先后买通不同的御用文人和学者，假意上书国会请愿，要求复辟帝制。为此，袁世凯对胡仁源自然是不放过的，在胡仁源一心改革教育体制，振兴中国的同时，袁世凯多次向胡仁源施压，威逼利诱，软硬兼施，抛出功名利禄诱惑胡仁源率领北大教授一起支持袁世凯复辟。当然，胡仁源不会受到他的诱惑，也绝不会屈服在袁世凯的淫威之下，不过，在这种动荡的社会，北大在两年间就换了四个校长，教育总长也换了六任。胡仁源如果说"不"，将使自己处于进退两难的困境中，而初有改革气息的北大也会面临停步不前的境况。

第五章　北大与你在一起，学会和困难握手

胡仁源该怎么办？他选择了迎难而上，绝不屈服，严词拒绝了袁世凯的要求，誓要顶住压力，将改革进行到底，将宗旨执行到底。终于，他成功了，在任四年间，北大学生数量大幅度上升，规章制度不断完善，办学规模不断扩大，教学方法不断改进。这为后继者蔡元培的全面改革推行奠定了坚实基础。

从胡仁源革新北大的历程中，我们可以看到，博学如胡仁源，也是会遇到麻烦，也是会遇到不称心的。因此，我们必须要明白，每个人都会有自己不称心、不如意的时候，越是这个时候，越要懂得奋起，越要明白自己的目标，坚持自己的执着，勇敢地站起来，不要屈服于一时三刻的艰难，要懂得坚守自我的努力，奋力再拼搏。

只有这样，我们才能在漫长的人生中，活得开心，活得上进，活得成功。像北大学子一样去努力吧，未来是属于你们的。

北大行动指南：

1. 不犯错不代表会一帆风顺，所以要不怕犯错

我们都无法避免地会受到周围环境的影响，有时候之所以不敢向前走，就是因为害怕走错，向前一步可能是台阶，让我们站得更高，看得更远；向前一步也可能是深渊，从此跌入低谷。这是杰出与平庸的分水岭，也是成功与失败的分水岭，在这里，北大人与平庸者会做出截然不同的选择，结果当然也会不同。

不犯错的人生不代表就会一帆风顺，事事顺利。哪怕你不犯错，一切安好，事事称心，也不代表你会成功，越是平稳的人生，有时候越显平庸。因此，遇到自己想做的事情，就要放开手脚，大胆尝试。

2. 在"不如意"面前，要懂得放松心境

很多人面对危难或者厄运的时候，总会徒劳地感叹世事艰辛、不如意。其实每个人都一样，都会经历各种不如意，难道北大才子就一切顺利吗？未必！那为什么他们看上去总是顺风顺水？因为心态平和，懂得放松。

所谓放松心境，其实就是不纠结，想得通万事皆通，想不通万事不顺。面对不如意，你是一味抱怨，徒劳感叹，还是像北大人一样，适时调整放松，重新来过呢？

北大思考题：

哲学课上，教授给大家讲了一个故事，问大家一个问题：某地方公安局截获了一份神秘的电文："朝：货已办妥，火车站交接"。经过周密分析，认定这是一伙犯罪分子在进行一项秘密交易。

公安局立即召开会议，决定抓获这批犯罪分子。可是这份电文只有接货地址，没有接货的具体时间，使破案无从着手。这时小张提出："从今天起严密监视候车室，直到抓获罪犯为止。"在座的大部分同志认为也只能这样。

不过，大家怎么看也看不出个所以然来，最后有一个死不放弃的老警察，侦破了这起案件。

教授问大家，这个人是怎么办到的？

其实，当别人都埋头于火车站监控的时候，他注重拆解对方给出的电文，"朝"拆开为"十月十日"，又有早晨之意，所以老警察判断，接货时间为"十月十日早晨。"

这是一个小故事，或真或假。不过教授是希望借故事告诉大家，很多时候，我们在一个领域或者一项工作中无法取得进展的时候，应该试着从别的方面入手，不要一直陷在毫无起色的阶段，换个角度想想，我们就能收获更多。

第五章 北大与你在一起，学会和困难握手

懂得利用"苦难"的逆向弹力

北大箴言：

不局不杂，知类也；不烦不固，知要也。类者，辨其流别，博之事也。要者，综其指归，约之事也。读书之道尽于此也。

——马一浮

曾经有一位名叫阿费烈德的外科医生在解剖尸体时发现了一个很奇怪的现象，在我们的日常观念中，如果身体部分器官受到了癌细胞侵害，那么我们会自然而然地以为这个器官的情况一定很糟。可是，阿费烈德解剖病患尸体的时候发现，这些受到病毒和癌细胞侵害的器官不仅没有变得很糟，反而比正常人体的器官机能更强。

这是为什么？

那是因为，器官受到病毒侵害，它们会处于本能地用尽全力抵抗病毒，因此，在与疾病抗争的过程中，器官的机能不断变强。

这是个医学发现，同时也是一个奇妙的人生发现，它告诉我们，遇到麻烦，遇到苦难，不代表我们必须要变得很糟。我们可以利用这些苦难，努力地、用尽全力地抗争，这样，我们就能变得更强。

不要以为这是什么天赐的力量，其实，这不过是我们的天性，就像电影中经常出现的最后一秒的救赎一样。当我们身处非常危急的环境时，一种潜藏在我们身体里的潜能和力量就会爆发出来，诚如当我们面对自然灾害或者交通意外，无论你是娇柔女子还是年老长者，都会出于本能地拼命挣扎和逃离。可见，我们每个人其实都有越危机越发奋的潜能，只是有些人在关键时刻逼了自己一把，就像天生骄傲的北大人，因为他们清楚，自己的潜能还远

123

远没有释放出来。

我们要善于运用自己的潜能，遇到困难，懂得发挥潜能，利用苦难的逆向弹力，站起来，再作战，练就更强大的自己。

马叙伦，自幼家境贫寒，刻苦求学，推崇新思维，倡导革命，年轻的时候已经转战上海，主编《新世界学报》宣传革命，在章太炎的介绍下，于1911年加入同盟会，后到北京大学任教。

和陈独秀、李大钊既是同僚又是朋友的他，虽然没有直接参与中国共产党的创立，可是，他的力量和精神还是不可忽视的。

成长在动荡的社会中，马叙伦面对社会的为难，时刻以人民利益为重。1915年，袁世凯密谋称帝，马叙伦顶住压力，在香港报纸上发表讨伐袁世凯的文章，声援蔡锷将军的护国运动。在袁世凯称帝之后，马叙伦的处境变得十分艰难，袁世凯向不满自己称帝的文化人进行压迫，上演了一幕幕典型的"秋后算账"，马叙伦就是其中一位。面对这种困境，马叙伦只好辞去了北大教授的职位。失去了教授工作，马叙伦的生活没有着落，只能靠朋友的接济和典当衣物来度日。可是，他始终没有因为困境而低头，反而，离开了校园，走到了民间，他更加能够体会到穷人们的生活状态，明白了要解救中国，必须从思想根源上做起，必须给中国换血，让中国人拥有新思维，方有出路。

就这样熬呀熬，他终于熬到了袁世凯去世。到了1917年春节过后，马叙伦接到蔡元培的电报邀请，又回到北京大学任教。

其后，马叙伦继续参与五四运动等民主革命活动，一直没有停息。到了20世纪30年代中期，中国面临民族危机，马叙伦带头成立了"北平文化界抗日救国会"，自己出任主席。在得知共产党提出抗日民族统一战线策略的时候，他更亲自远赴成都游说四川最大的军阀，希望联系各地势力，共同抗日，不能再笼里鸡窝里斗。

除了积极鼓动文化界加入抗战，他更顶住来自国民党的压力，支持张学良、杨虎城逼蒋抗日，对促成全面抗日战线做出了卓越的贡献。

马叙伦当年在这种势力格局、两党斗争、内忧外患的情况下从事革命活动，推动抗日大业，能不难吗？就算避得过国民党的白色恐怖，还得蒙受来自侵略者的各种压迫。不过，这些在他看来都是其次，民族大业永远高于自身安危，他就凭借着这点意志，脚踏实地地抗争。

而且，马叙伦在从事爱国政治活动的时候，还不忘致力于中国文化研究，在中国语言文字学、音韵、训诂等方面有很大的贡献。

可见，每个人的人生都是充斥着逆境和困难的，但是有危机才有更大的动力。就像马叙伦，作为一名文化人，他大可以安逸地享受教授生涯，不过，他不乐意，他有自己的追求，有自己的梦想，那就是尽一切努力去爱国、救国。他这么做了，结果导致了自身的重重危机。但是，有危机，个人的潜力才能得到更大的发掘，马叙伦如果不接触爱国政治运动，就永远不明白自己除了文学造诣外，还有政治能力。

我们也一样，如果我们不面对苦难，不懂得利用逆境来使自己变得强大，那么我们永远达不到一个更高的、意想不到的高度。

北大行动指南：

1. 面对苦难，给自己背水一战的勇气

在古代战争中，面朝大路，背靠大山，那是最佳的战略位置，稍有不足，如果是面朝大江，那战争起来也会逊色不少。不过，如果是背靠大江，面朝战场，那么就等于没有退路了，从作战方略上讲，这是下下签。

成语中有"背水一战"的说法，来源于一个著名的战争典故：韩信领兵，面对赵国数十万雄师，韩信的军队在人数上大大落后，大家都觉得这仗没法打，怎么打都是输，不可能突出重围。怎么办？此时，领兵的韩信表现出了名将气魄，他将军队调动到大江边上，沿江列队。这可是对战的下下之策啊，韩信想的是什么？

军队背对大江，前有追兵，后无退路，战争一拉开，士兵觉得横竖都是死，便拼命反扑，最终成功扭转劣势，打败了赵国军队。

这就是"背水一战"的来源，意思是，当你没有退路的时候，就会用尽全力反扑，求胜。对待苦难也是一样，如果我们在困难面前，懂得适当地将自己逼上绝路，那么，我们的潜能就能更好地发挥。不怕苦难有多大，就怕我们自己打从心底里绝望和认输，放弃反扑，束手就擒。

2. 思想上处于绝境，行动上就要懂得反扑

我们常说，一个人的命运其实是掌握在自己手中的，成功与否的关键在于你有没有把想法和行动联系起来。面对困境时，给自己不成功便成仁、不是你死就是我亡的态度很容易，可是真要行动起来，成为困境面前的强者却是很难的。我们必须要有成熟的心态，进一步不一定是悬崖；哪怕是悬崖，反正横竖都是困境，倒不如多走一步看看。而且，在树立了勇于挑战的心态之后，我们还需要有说做就做的行动力，懂得坚持，懂得迎难而上，否则一切心态和想法都是扯淡，根本就是纸上谈兵。

应该说，想法很容易，可是要将想法实现，进行反扑，则是一个漫长的自我挑战、自我克服的过程。所以，在跌倒的时候，我们不必让自己躺在困境中接受命运的安排，我们要勇敢地爬起来，哪怕在探索的过程中会头破血流，也不要害怕，经得住这些磨砺，你才是真正地在反扑。

北大思考题：

在冰雪封冻的极地雪原，发现了一具来观测极光的越冬队员的尸体，尸体旁留着一块好像玻璃熔化了似的奇怪石头。这个人就是被这块石头打中头部致死的，戴着防寒帽的脑袋都被砸开花了。

然而，现场四周只有被害人的足迹，却没有凶手的足迹，更令人奇怪的是石头凶器。这里是被逾千米的万年冰覆盖的南极大陆，根本看不到地面，甚至连个石头碴儿都没有。

那么，被害人究竟被何人所杀呢？

学生们无论从科学角度还是推理角度都想不出答案。

教授笑了笑说："他是被突如其来的陨石给撞死的。"

这个答案忽悠不了北大学生，不过教授还是继续笑，他告诉学生，陨石就像突如其来的苦难，它随时可以砸死你，可是如果你有先见之明，及早发现陨石可能会来，就可以改变你的策略，从受害者转为发现者，从死亡变为出名，这就是苦难的逆向反弹力。

第六章
北大送给你的"自我完善"指南

每天照照镜子，总结自己和提高自己

北大箴言：

从此我不再仰脸看青天，不再低头看白水，只谨慎着我双双的脚步，我要一步一步踏在泥土上，打上深深的脚印。

——朱自清

每个人的性格和秉性都不同，能力不同，如果我们能在生活中通过自我分析、总结，给自己准确定位，相信一定会有更大的提升空间。你应该选择什么样的前进方向，明白"我想要什么"的问题，这是我们进步的核心。

因为，每个人的定位将直接决定着一个人的发展方向，因此，我们的规划方向要根据自身兴趣、特点来设定，务求将发展方向定位在一个最能发挥自身优势的地方。选择最适合自己能力的事业，有利于发挥潜能，实现目标。

相反，如果只是简单日复一日地机械性工作、机械性学习，对未来以及发展方向欠缺思考和周密的计划，那么即便是努力十遍、一百遍、一千遍，也可能不会达到成功的目标，只会在周而复始的工作学习中不断折腾自己，轻则让自己失去信心，累坏了身心，重则会影响我们能力的发展，磨蚀了意志。

在北大人眼中，这是不可接受的，因此，他们善于进行总结分析，对自己有精准的定位，很清楚自身优势与劣势，通常会制订全盘计划而非一时兴起制定短期目标。

朱自清，是我国近代著名的诗人、散文家和学者，1912年以优异的成绩考入江苏省立第八中学，经过四年的刻苦努力，在1916年成功考入北大预科，一年后入读北大哲学系。在北大读书期间，朱自清受到五四运动的熏陶，响应并积极推动新文化运动的开展,参加了北大学生为传播新思想而创立的平民教育讲演团。

其实,"朱自清"这个名字,是他报考北大的时候改的。他原名叫朱自华,因看过《楚辞·卜居》一文,希望以"宁廉洁正直以清乎"来勉励和监督自己,因此改名为朱自清。朱自清有一个习惯,每每遇到不如意或者逆境的时候,都会用自己的名字来自省、自我总结,看看自己有没有在困境中丧失斗志,有没有在顺境中歪曲原则。同时,他还取字为"佩弦",希望以"董安于之性缓,故佩弦以自急"这个名句来提醒自己,让自己时刻绷紧刻苦用功的弦,尤其是在懒散的时候,以"佩弦"来自警。

他的名字伴随了他一生,无论是学生时期、发展阶段还是最后的成名阶段,他时刻提醒自己,要善于总结,善于自查自纠。例如,在抗战时期,朱自清到西南联大任教,当时朱自清已经是中国著名的学者了,但是在学校内,他不仅没有以高高在上的教授身份自居,也没有得意忘形地觉得自己的人生已经走到了顶峰。相反,他仍旧孜孜不倦地学习。当时,西南联大是在抗战特殊时期,由北京大学、清华大学和南开大学联合组建的,随行的教授们多是收拾细软前往。但朱自清却与众不同,为了激励自己不要在动荡的社会中失去前进的动力,他带的一整箱行李都是书。夜深人静的时候,其他人都睡了,朱自清还俯首案前,积极钻研。他每天自我总结,看看自己有没有新的发现和进步。

并且,朱自清还将这种精神传扬给了下一代。他是一个非常关爱青年一代的大师,曾经应邀到不同的中学做抗日演讲,他提醒所有年轻人,一定要有总结的习惯,展望未来的目光,不辜负学习的时光,不辜负国家民族的期望,鼓励学生学好每一门功课,给自己一个目标,总结自己走过的每一步,不让时光虚度。

在朱自清的鼓励下,青少年们有的向学,有的则弃笔从戎奔赴前线抗日。

或许,我们现在生于和平年代,缺乏那种国家危难、千钧一发的外在因素,但是,每个人都有自己的长处和短处,每个人都要相信自己能够做得更好。无论现在的你是怎样的,都要学会自我总结、自我提升,诚如朱自清这样的大师，在成为大师之后，也依然没有放弃求进步的每一个机会。

人生就是如此，我们也许不必和朱自清比较，也不必和已经扬名立万的人比较，但是起码，我们要懂得和自己比较，现在的你永远要比过去的你优胜。

只有这样，我们才能达到自己的目标，成就自己想要创立的事业，不枉光阴。

北大行动指南：

1. 明确自己的兴趣，忠于所爱

要进行自我定位，达到自我提升的目的，我们一定要结合自身实际情况。首先，要明白自己所爱的东西，勇敢地选择它。选择一份自己喜欢并且愿意为之奋斗的工作。因为，只有足够热爱自己选择的职业，你才可能全身心地投入，干出一番事业，做出一番成绩。

诚如北大学子，他们对于自己的专业选择都是经过深思熟虑的，因此，燕园内，你很难看到一些因为挂科而闷闷不乐、因为所学非所爱而苦恼的学生。因为他们明白，从大学开始，对于专业的选择已经需要根据自身的兴趣来抉择了，这是对自己的总结，也恰恰是提高自己的最好途径。你听说过的"兴趣是最好的老师"，就是这个道理了。

2. 找到自己最擅长的领域，提高自己

根据自己的优势，选择自己所擅长的方向，这样能更好地帮助你发挥长处，别老当行业的门外汉，在自己不擅长或者不喜爱的职业中"徒劳无功，白流汗水"。当然，人生的发展方向选择并无固定模式可循，也没有方程式可以计算，我们需要一步一个脚印地寻找。不过核心在于这个方向定位要依据自身实际，有利于自身发展，不能跟风，不能随波逐流。还要伴随自身的进步，及时修订前进目标，要懂得"识时务者为俊杰"，要尽量使自己的选择与前进的发展需求适应起来，这样才能在人生的赛场上遥遥领先。

第六章 北大送给你的"自我完善"指南

北大思考题:

一位学生给教授分享一个小故事:在一次酒会后,一个从非洲回来的探险家自吹自擂地说:"那时,我被一伙可怕的吃人肉的土著人抓住,眼睛被蒙住,两手被反绑着,弃置在一条小道上。那条小道只有一米宽,并且两侧都是令人眼晕的悬崖峭壁,可是我格外冷静,丝毫不感到害怕,一步一步地走到了平原安全逃脱。怎么样,够惊心动魄的吧?"大家都为这位探险家的勇气所折服,但只有一个人在冷笑着。此人就是露丝。

"像你那种探险连小孩子都能做到,也值得在这里吹嘘?"

学生问教授露丝为什么这么说?

教授想了想说:因为那条小道是在悬崖下面的,山道两侧是令人眼晕的悬崖峭壁,这一点儿不错,但峭壁却是向上耸立着的。因此,即使撞到两侧的峭壁也不必担心会从悬崖上跌落下去。

确实,悬崖峭壁是可怕的,但关键要看你所在的位置:你在悬崖顶,这很可怕,可是如果你在悬崖底,那么现实就不是那么可怕了。

找准自己的特长，不要随波逐流

北大箴言：

窃察世人怕死的原因，自有种种不同，"经愚观之"，可以定为三项，其一是怕死时的苦痛，其二是舍不得人世的快乐，其三是顾虑家族。

——周作人

我们都知道，学习知识是增长见识和智慧、助我们通往成功的一条绝佳途径。不过，现实情况是，成功背后总有很多级台阶等待我们，想要最终登上顶端，还需要才能和资质，因此，在学习知识的同时，我们还要发挥我们的积极性，挖掘自身的潜能。

或许很多人会问，我们应该如何发掘自身的特长呢？

这着实是个好问题，发掘自身的长处，几乎可以说是一项持久战，我们需要在长期的实践和经验中不断总结、不断探索，才能找到真正适合自己的发展方向。正如肯德基的创始人，他在年过六旬的时候才创业，开创了自己的事业王国；如李嘉诚，做过酒楼的茶童，做过钟表维修工，做过塑胶和五金的销售员，最终找到了自己的方向，建立起了实力雄厚的长实集团。

我们可以发现，没有人从降生的第一天就了解自己的特长，在李嘉诚还没发现自己的经商才华时，他的梦想是当一名教育家。可是，随着不断的实践，我们会在生活中，在自我的得失成败中，明白自己擅长的方向。

我们每个人都有机会全面、清晰地认识自己，关键是，在我们认识自身长处之后，必须要将其用在适合的地方，切忌随波逐流。

周作人是鲁迅的弟弟，是中国著名的散文家、评论家，民俗学的开拓者，还是著名的北大教授,同时也是一位颇具争议的人物。因为,他在后期走上了与身为革命家的哥哥鲁迅完全不一样的道路。

但是,功过后世定,我们起码应该看到周作人对自我选择的坚持。

从学术成就上说,周作人其实一点都不比哥哥鲁迅逊色。自幼天资聪明的他,1911年从日本留学回到中国,便成为一名中学教员,教了四年英语。他在1917年应邀到北大附属国史编纂处任编纂,由于他精通欧洲、罗马文学史及近代散文等多个领域,所以在编纂处工作了半年,便成功出任北大文科教授,并创办了北大东方语言文学系,作为系主任积极推动东方语言文学研究。

在新文化运动前后,周作人一直积极参与社会活动,与胡适、钱玄同等北大教员积极推动汉字改革,信仰自由。而且,他总是坚持自己的信念和执着,在鲁迅等人极力提倡女师大制度的时候,周作人不遗余力地给予了支持。

他这种坚持己见、忠于信仰的精神,还体现在卢沟桥事变发生后。当时北京大学被迫撤离北平,搬往昆明,组建了西南联大。周作人"顽固"地坚持留下来,他与孟森、马裕藻、马祖荀四人坚持留守北平,看管校产,成为了著名的"留平教授"。

不过,这一留,也给周作人惹出祸来,从此,不少人将"周作人"和"汉奸"画上了等号。当时很多人觉得,周作人之所以让爱国者产生不良的感觉,最大的原因在于他娶了一个日本妻子羽太信子。在很多人眼中,这是周作人的错误决定,但是周作人就是这么我行我素。

尽管他的一生起伏浮沉,名声不如鲁迅来得光明磊落,但他不过是坚持自己的信念,善于发挥自己的特长,不管别人的非议罢了。综观他的一生,足足花了五十多年时间去研究日本文化,这固然和近代中国史的发展相悖,可是在自我沉浸的钻研中,他深深地了解到日本文学理念的精髓,因此,他所写的诗词散文,总是散发出一种近似日本文学的只可意会不可言传的情调气息。

或者,诚如周作人,每个人的特长和坚持都是自我的,没有太多对错可言。喜欢就是喜欢,擅长就是擅长,我们的人生发展也一样,很多看似不起眼的，往往能揪着我们的心思不放，让我们执着。一旦特长转变为执着，执着化作动力，我们就能树立一面属于自己的旗帜。

周作人如是，北大人如是，我们也一样。

过于拘泥别人的目光，趋向主流，或许能够得到大众的欣赏，可是却失去了内心的填补。因此，哪怕你对待任何事情都以马马虎虎的态度处事，但对待自己一定要认真，一定要看清，清楚自己的特长和喜好，不要随波逐流。

北大行动指南：

1. 一定要勇于实践，在实践中发掘特长

勇于实践，不断提升自我，是北大人的特质。我们的成长过程本身就是一个从认识到认知的过程，既然你认识它了，那么你还要去了解它。前人和他人的经验可以给我们一个借鉴，但并不能取代我们自己去亲身实践得到的成果。即便你的邻居是北大的高才生，他能解答你的所有困惑，也永远不要因为他的答案而放弃实践。

只有亲身经历过，人生才会变得多姿多彩。而我们从失败和成功之中总结出来的经验，是谁也无法给你的。凭借这些经验，我们会更加清晰地认识自己、认知自己，在规划自己一生的时候，明确和坚定自己的兴趣，懂得发挥自己的长处。假如你可以在一种比赛中取得冠军的话，不要在意你身边的人的目光，因为没有哪个行业是没前途的，是浪费时间的，只要你擅长，那么就勇敢地去做吧！

2. 信任自己的特长，将它们发挥到极致

正如上面所说，每个人都有机会认识到自己的特长，因此每个人自然也都能看清楚自己的长处。可是，成功和失败的区别在于有没有将自己的特长用到实处，有没有用尽全力发挥自己的特长。我们可以想象，如果比尔·盖茨埋没了自己的IT才华，从事保险销售，他不一定如今日这般成功；如果福特离开了汽车制造，转战IT行业，也不见得能有福特汽车今日的神话。

说白了，特长是我们的优势，我们在明白了自己的优势之后，还得将优势落到实处。如果在明确自身特长之后，没有加以运用，甚至任其荒废，将精力用在自己不擅长的领域上,无疑是事倍功半的。

北大思考题:

一天,教授问了大家一个问题:有对一模一样的双胞胎兄弟,哥哥的屁股上有黑痣,而弟弟没有。但即使这对双胞胎穿着相同的服饰,仍然有人能立刻知道谁是哥哥,谁是弟弟。这样的人究竟是谁呢?

其实,就是这对双胞胎本身。教授希望让大家明白,每个人都是不同的,只有自己才最了解自己,所以别指望别人去发掘你,要懂得自己发掘自己。

发扬自己的长处,学会扬长避短

北大箴言:

写文章本来是为自己,但他同时要一个看的对手,这就不能完全与人无关系,写文章即是不甘寂寞,无论怎样写得难懂意识里也总期待有第二人读,不过对于他没有过大的要求,即不必要他来做喽啰而已。

——周作人

在生活中,遇到不满意的环境,我们都惯用一种"骑驴找马"的心态,很多人甚至会为了一份更满意、让自己更加心安理得的工作,或者高一点的待遇而疲于奔命。但是其中大部分人在事后都会发现自己的奔波是徒劳,傻乎乎地换了几家公司,回过头来才发现,自己付出的时间和精力,除了积累了不同行业、不同职业方向的不成功经验之外,当中竟无奠定成功的元素。因为,各种各样的工作经验并没有给自己带来丰盛收获,练就出一个无可替代的自己,反而造成了自己广而不专、缺乏核心优势的劣势。

其实,之所以会这样,关键是在于"社会有分工,地位实大同",各种职业本身的优劣,反而在于我们个人对职业的思考。因为只要在选择改变之前,我们能修正自己的方向,寻找出提升自己的突破口,懂得扬长避短,那么,无论我们是偏安一隅,还是不断转换坏境,我们都能在生活中处于有利位置。

每个人都有自己的长处,但是一定要及早发现,并且要在成长的过程中懂得扬长避短,发扬优势。在这方面做得最好的当属北大才子们,他们能够及时认清自己的特点,将优势发挥到极致,并巧妙地克服弱项。

张岱年毕业于北京师范大学,于1952年到北大任教,成为哲学系教授。

第六章 北大送给你的"自我完善"指南

他是近代中国重要的现代哲学家和哲学史家,他出生在一个北京的仕宦家庭,父亲是清末进士,在民国初年的时候曾经任众议院议员。在父亲的谆谆教导下,张岱年很小就开始承继家学。从几岁开始,父亲便教他养成一个良好的习惯。那就是每当夜幕降临,一天结束之前,不要急着上床睡觉,试着独自在房间里思考或者沉思一两个小时,总结一下自己今天所做的事情,思考自己曾经做过的和即将要做的事情,甚至思考一下自己的人生。

在父亲的教育下,张岱年从小便会在睡觉前,熄灯沉思几个小时,渐渐养成了细致思考的习惯。尤其是对自己的了解,张岱年可以说是十分明晰。

在他年轻的时候,兄长张申府是五四时期的风云人物,在政治方面很有建树,张申府引领了张岱年,希望张岱年能在文化、政治层面上吸取更多的经验。不过,张岱年明确自己的钟爱,他明白,自己喜欢哲学,善于思考的他有"思天地万物之本原"的能力。因此,他从少年时代开始便迈进了哲学殿堂。

1928年,他以优异的成绩考入北平师范大学教育系学习。虽然学的是教育系,不过张岱年并没有放弃自己的喜好和特长,在读书的时候,他一边学习相关的专业知识,一边埋头苦学和哲学相关的书籍。在大学期间,他研读了英国新实在论哲学、中国传统哲学以及西方哲学等,在张申府的引导下,张岱年吸收了兄长"列宁、罗素和孔子,三流合一"的主张,提出了"文化综合创新"说。

张岱年"文化综合创新"论的提出,对中国哲学实现古今转变有非常重要的意义。到了北大任教之后,他继续发扬自己善于思考的特点,将自己对哲学思维的体悟传授给北大学子。他认为,中国哲学长于体悟和短语逻辑分析,重观察而忽略了论证,如果在这个基础上引入英国实在论哲学,用其逻辑分析上的优势,弥补中国哲学的短板,就能进一步优化中国现代哲学体系。

为此,他付出了巨大的努力,将唯物论哲学和中国古代哲学有机集合起来,建立了自己的具有综合性的哲学体系,成为了近代中国第一个创立自己体系的哲学家。

其实,张岱年年轻的时候和所有中国哲学家一样,是善于思考,重在体悟的。但是,正因为他对哲学有着难以取代的执着和坚持,他便在深入思考的传统基础上,发扬自己与时俱进的优势,主张知行合一,让思想理论和生活实践融为一体,用毕生的努力坚持走这样一条道路,最终成为了哲学领域的大师。他编写的《中国哲学大纲》,以中国本土哲学为经,以现代思维发展为纬,成为了中国近代哲学的创新先例。

正如我们在生活、工作和学习中一样,仅仅专注于一门专业,擅长某一个领域,还是不够的。我们必须要懂得将自己的优势发扬光大,不断强化,在前人的基础上,不断创新改良,才能让自己的特长更加突出。

要明白,有优势而不懂得扬长避短,就和完全没有优势差不多。所以,我们要想在人生赛跑中不落后,就要懂得挖掘自身的优势,塑造自己的"不可取代性"。

北大行动指南:

1. 选要选得好,还要选得对

人生中,每一个选择都是至关重要的,因为你有什么样的选择,就会进入什么样的生涯、成就什么样的人生。你今天的现状可能是你十年前选择的结果,而你今天的选择也将决定你十年后的人生状况。总而言之,选择什么样的方向,你就会有什么样的发展空间。

因此,我们面对人生的选择,尤其是涉及个人专业发展领域的层面,不仅要选得好,还要选得对。何为"选得好"?用最直接的话说,现在很多大学毕业生,在大三大四阶段就开始复习公务员考试,因为他们希望得到公务员的"铁饭碗",这是一种对好职业、好生活的选择;不过,并不是每个人都适合当公务员,并不是每个人都适合拥有这个"铁饭碗"。选择了做工精细、质量上乘的衣服,不代表就合身。

所以,在选择的时候,我们不能一味地看着前途和收入,我们还得看看自己的喜好和特长。职业就如衣服,再好的面料,不合身也是徒然的,与此相比,我们何不找一件合身的衣服来穿呢?

2. 边走边修正,选择不等于签了"生死状"

"选择"对于我们个人来讲,是一个漫长而连续的过程,我们会在漫长的人生中面对不同的选择，并非一个选择一定要蛮干到底才是成功。在起步之初或者遭遇困境的时候，个人的选择余地非常狭小，并不能完全自主地做出决定，很多时候只能一条大道边走边看。但是，当在职场上累积到一定的经验之后，我们的人际关系会广一点，经验丰富一点，技能方面也会得到一定的提升。这时，你就会发现，在人生的路上会不时出现一些分岔口，给你重新选择的机会。

北大思考题：

数学系的课堂上，教授问了大家一个问题：什么东西在倒立之后会增加它的一半？

数学系的学生都知道，那就是数字"6"。

教授为啥要这么问呢？

他是希望大家明白，每个人都有自己的长处，只要善于发挥，换个角度看自己，你的价值就能翻倍。

人生剧本由你写，演好每一个角色

北大箴言：

在时间中做了长长旅行的人，正如犁过无数次冬天荒地的农夫，即在到处是青青之痕了的春天，也不能对大地唤起一个繁荣的感觉。

——何其芳

正所谓"三百六十行，行行出状元"。不管你的特长是什么，只要你在这个领域确实学有所成，就一定能利用你在这个领域的知识成就一番事业。尤其是在经历过人生长跑以后，原来所学的专业热门也好，冷门也罢，都会遭到不同程度的冷暖浮沉。为此，我们更加应该秉持自己的独特优势，保持自己的特色。

因为，人生如戏，我们的生命就像是一部剧本，不过，撰写这个剧本的人，正是我们自己，要当好每一场戏的编剧，演好每一个角色，是不容易的。从编写到演绎，我们都需要深思熟虑、认真琢磨，要选择适合自己的桥段，扮演好适合自己的角色，还得让每一幕都有血有肉、有骨有架。

因此，我们首先要学会不甘心，永远追求更好，其次还需要细心、认真、踏实地钻研好一个个适合我们的人物角色。

何其芳是北大哲学系毕业的"汉园三诗人"之一，是中国著名的散文家、小说家、诗人及著名的言情写手，更加是《红楼梦》研究的忠实拥趸。

说起何其芳，大家或许会想到很多，很多人会觉得何其芳是一位文学大师，他的一部散文集《画梦录》惊醒多少人的觉悟，他的一部诗集《预言》诉说着多少震撼人心。不过，单纯从学术成就上看何其芳，还不是很全面，在很多老同志的眼中，何其芳就是一个"固执己见"、爱书如命的"老书虫"。

也许，每个人都有自己的角色，何其芳的一生，不过是努力将自己的角色演绎好罢了。

从个人生活上看，何其芳的角色是一个"老书虫"，按照他自己的说法就是："一生难改嗜书癖，百事无成徒赋诗""喜看图书陈四壁，早知粪土古诸侯"，即使"大泽名山空入梦"，也要"薄衣菲食为收书"。

这说得一点都不为过，何其芳不是说说就罢了，他是实打实地将自己爱书的性格发挥到了极致。那时候，何其芳住在东单，距离王府井不远，当时王府井的旧书店很多，每到周末，何其芳就会逛旧书店，临近天黑的时候，总会拉着一大平板车的旧书回家。

何其芳此时是文学所所长，他除了给自己买书，还会给文学所采购各种各样的民间书籍。由于何其芳买书的次数和数量都多，所以他用车搬书的事件便成为文学所里的美谈。文学所里面的老学者们嘴皮上笑话何其芳，其实，内心里却钦佩何其芳这种爱书如命，一天不看书，浑身不舒服的求学态度。

除了对书的执着，何其芳在自己的工作领域，也将应扮演的角色演绎得非常到位，他将自己的坚持和客观判断发挥得淋漓尽致。有一次，文学所开主题会议，这是一次别开生面的会议，不是几个人围坐在一起开会那么简单。事情发生在1961年，那是文学所第一次以"所"的规模展开民间文学主题学术会议。由于新中国成立12年，当时全中国整体左倾，也就是极端推崇劳动人民的年代。对此，在"交流中国少数民族文学史写作经验"的主题下，不少文学所的老同志闻到了政治风向，纷纷推崇以民间文学作为中国文学史主导地位的立场。可以说，在当时，谁反对这个立场，就很可能会被质疑是违反"劳动人民立场"。

当时何其芳是所长，自然要由他做总结。不过他的总结稿是事先写好了的，说实在的，当时会议上过度左倾的后果是他所始料不及的。他在会上没有立即表态，也没有做会议总结。相反，他听取大家意见后，连夜修改了自己的总结报告。

大家一定以为他是跟随左风，调整了总结吧？不对，作为文学所所长，作为中国学术界的文化人，他首先是一名学术研究者，他坚持演绎好自己的角色。因此,他没有跟风,在认真听取报告后,针对其他同志提出的要点,他一一细致分析,最终针对会议上提出的内容,逐个地提出了"反对"的原因。何其芳认为,政治风向是一回事,但是,对于中国民间文学发展而言,何其芳必须要坚守的一个观念是:什么是对文学发展有利的;而非什么是最对政府领导层口味的。因此,他不随波逐流,以一位仙风傲骨的文人角色,反对民间文学主体论,坚持以古典文化为主导,希望借此将中国文学推向一个更高层次的领域。

为此,何其芳在文学所老一辈的心目中落下了"固执己见,不顾后果"的形象。但是何其芳始终坚守自己的角色,坚守自己的立场。

人生就是这样,每个人都在不同的环境下演绎着不同的角色,没有对错之分,也没有高低之别,关键是我们要基于自身立场去演好,时刻以自己的坚持为尺度,评价自己的所作所为,判断自己的思想行为,要懂得坚守,也要懂得争取。

如果说北大人就像是主角,承担着主角的角色,普通人也可以努力做好自己,将配角演得到位、精彩。当然,还有一些不甘心当配角的普通人,最终凭借努力成为了人生的主角。

北大行动指南:

1. 人生是条河,深浅都要过

在电视剧中,我们能看到不同的角色,看他们跌宕起伏的人生。其实,我们的人生也一样,每个人都是自己故事的主角。像电影、电视剧一样,主角总是要经历磨难,才能拨云见日的。

我们都该向北大人学习,在他们的观念中,人生就该是精彩绝伦的,为此付出再多也值得。"人生是条河,深浅都要过",这是北大人的信条,无论是顺境逆境,都是人生,该走的路始终要走,要过的坎儿始终要过。需知道,无论你喜欢不喜欢,人生这出戏都要自己来演,无法逃避。你要做的是以勇气和毅力作为笔,努力地书写、设计好接下来的场次,让身为主角的你把戏演得更加精彩。

2. 不满意,就改写吧

不同的专业会有不同的规划方案,哪怕是一些没有专业技能的人,都能够获取成功,更何况专业人才呢?因此,目前的境遇真的不是问题,关键是你如何运用自己的专业特长成为你发展的基石,并且懂得不时整理自身的经验和人脉,根据自己目前拥有的资源不断去调整和积累,职业之路自然会越走越宽。

如果你对目前的工作、生活不满意,不要忍耐,因为年轻就是资本,我们有资格去改写未来。即便是北大才子也有看走眼的时候,一旦发现人生的剧本并没有按照想象中的样子进行,他们会毫不犹豫地拿起橡皮,涂改掉曾经,重新写上未来。

北大思考题:

教授给大家提了一个问题:某富翁的左右邻居都养狗,一到晚上,这两条狗就吠叫不停。无法忍受这种折磨的富翁,便拿出搬家费100万元,希望左右邻居搬走。的确,两个邻居是连狗一起搬家了,但是一到夜晚,富翁还是可以听到了完全相同的狗吠声。这是为什么?

学生们都不明白这是为什么。

教授笑了笑说:因为这两位邻居互相交换了住屋。

这明显是换汤不换药嘛。确实是,其实每个人都有自己所处的位置和地位,不过,当你觉得不满意,一定要努力去改变,而不能像故事中的主人翁那样,始终没有意识到自己的角色应该在哪里。

"不卑不亢"和"谦卑自牧"永远依存

北大箴言：

思想而不自由，毋宁死耳。斯古今仁贤所同殉之精义，其岂庸鄙之敢望。一切都是小事，唯此是大事。碑文中所持之宗旨，至今并未改易。

——陈寅恪

所谓"谦虚使人进步，骄傲使人落后"这些道理，我们在孩童时期就已经懂了，可是，真正落到实处的人不多，因为，人们总是不自觉地朝着两个极端的方向发展：要么是过于自大自负，要么是过于自卑。

其实，无论是哪个方向都是不对的。

所谓"不卑不亢"表现在当我们的人生处于下风时，如何保持一种正确的、积极向上的态度。如果面对人生逆境总是灰心丧气，那么，我们的人生就会从此一蹶不振。曾看过这样一个故事：

很久以前，有一位女企业家路过街头，看到一位抱着一篮苹果行乞的小妹妹。小妹妹可怜兮兮地望着她，希望女企业家能施舍一点钱。女企业家也这样做了，她给了小妹妹10块钱。正当小女孩兴高采烈的时候，女企业家向她索要了一个已经开始腐烂的苹果。

小女孩十分不解，这些苹果都是她从市场里面捡回来的，是水果摊店主已经不要的苹果，她原本打算拿回家给妈妈吃的，为什么这个抠门的阿姨连这个也不放过呢？

女企业家笑了笑说："我不是想抢夺你的苹果，我是希望你明白，你不是在行乞，你是在做买卖。我给你钱，你给我苹果，这是买卖，你和我是平等的，你不是在求我施舍。"

听到女企业家的话之后，小女孩的自卑没有了，她从此明白了一个道理：原来，首先不是别人将自己看成是乞丐，而是自己当自己是乞丐、自己不争气罢了。

此后，小女孩努力地干活，咬紧牙关地生活，十年后，她也成为了一位白手起家的企业家。

我们要明白，人生在世，无论自己的地位高低、能力强弱，首先要抬起头来，正视前方，做到不卑不亢。落后者不自卑，领先者不自满，把握好"不卑不亢"的天平，我们才能获得更大的成功。

如果你有幸进入北大学习，就会发现那里的学生并没有傲人的一面，反而平和可亲，而他们在权威面前，也从来不表现出自卑的心理。这就是北大人，不卑不亢，谦卑自牧。

在清华的百年历史上，有四位伟大的哲学大师——陈三立、叶企孙、潘光旦、梅贻琦，他们被称为"清末四公子"，其中的陈三立就是陈寅恪的父亲。有一位大师做自己的父亲，陈寅恪从小便养成了细致求学、善于思索的好习性。加上陈家世代名门，祖父陈宝箴曾经是湖南巡抚，学识超卓，所以，陈寅恪可以说是出身名门，条件优越。

在陈寅恪还小的时候，家人便早早将他送进南京最有名的书塾上课。他从几岁起就开始背诵四书五经，广泛阅读古今中外的哲学名著、诸子百家，成为了一位博学多才的少年。

此外，家庭环境的宽裕，使得他13岁就可以和兄长一起到日本留学。不过，陈寅恪不是以公子哥儿的学习态度学，而是稳扎稳打型。他知道，祖辈兄长们的成就都不是自己的，只有自己学到的，才能算是自己的囊中物。所以，在1904年，陈寅恪提前从日本回国，进入上海复旦公学学习，他一点留洋学生的架子都没有，比很多苦苦钻研的学子还要认真。终于，六年之后，他凭借着自己的努力，考取了公费赴德国柏林大学学习的机会，随后更转战瑞士苏黎世大学深造。

到了1912年，他从德国回到中国。此时，他已经是名精通多国语言、对多国文化有深入了解的有为青年了。在别人眼中，羡慕他还来不及呢，但陈寅恪并没有自满，他总觉得自己还是学识不足，于是在中国短暂停留了一年后，他又在23岁那年远赴法国巴黎大学，继续深造。

前前后后留学了13年，陈寅恪的足迹遍布美洲、欧洲。到了1925年，他正式归国。陈寅恪精通英、法、德、俄、日、拉美、希腊等多国语言，除此之外，连中国少数民族的满、蒙、藏、梵语系，他都个个精通，并且博览马克思、佛洛伊德等多种西方流行学说，成为中国有史以来唯一一位称得上学兼中外的"通识之士"。

对此，陈寅恪并没有骄傲自满，回国之后，他依旧孜孜不倦地学习。

后来，在梁启超的推荐下，陈寅恪到了清华大学任教，兼北京大学的教授。陈寅恪总是教导自己的学生，学位其实不是最重要的，我们人生在世就是为了学知识，不要因为进入了高等学府而骄傲，也不要为获取到什么样的学位而自满。其实，若两三年时间里都被一个研究专题捆绑住，过度追求学位的虚荣，就会没有时间学习其他知识了。因此，他总是告诫学生，要时刻保持学习的心态，不要骄傲自满，不要自我满足，让自己永远孜孜不倦地吸收知识才是最重要的。

陈寅恪成为了"公子的公子，教授的教授"，就是这种不断求学的态度使然的。诚如我们的人生，一时的成就、半会的虚荣，容易使我们产生成就感。不过，越是这种时候，我们越容易被迷惑，如果被困在这种表象中不思进取，我们则会停步不前，甚至落后于人。

因此，无论你的先天条件如何，也不论你目前的成就如何，懂得继续努力，不断追求，不骄傲，不自卑，时刻保持追求态度的人，才会最终成功。

北大行动指南：

1. 不要自负，不要自大，要有自知之明

从北大人身上，我们看到了人性伟大的一面。不要自狂自大，目中无人，而是应认真正确地了解自己的实力，既不自负也不自卑。要学会全面地看待

自己，既要看到自己的优点和长处，又要看到自己的缺点和短处。对于已经取得的成绩，不管多么大，对于事业来讲，都不过是一枝一叶而已。在人们惊叹牛顿取得的成就时，牛顿却认为自己不过是在科学的海洋里拾到了几个贝壳而已。谦虚的人总是不断进取、永不满足的。因此，我们一定要正确地认识别人，看到别人的优点，向别人学习优点，还要懂得尊重别人，运用集体的智慧为自己的事业成功创造便利条件。

2. 谦卑自牧，不等于自卑

骄傲让人脱离群众，不知道自己多少斤两，故步自封，就如清朝闭关锁国一样，断送了大好江山。同时也要注意，谦虚不是自卑，自卑是指不能正确认识自己，从而过分低估了自己，觉得自己什么都比不过别人，这在北大人看来简直是不可想象的。北大人很清楚，经常这样想很容易打击到自己的积极性，导致自甘堕落。可见，骄傲自负和自卑是两个极端，并且都违背了实事求是的原则和定律。骄傲与自卑是成功路上的绊脚石，一个不卑不亢的人一定会处理好它们之间的关系。

北大思考题：

教授给大家讲述了自己的经历：小高与教授夫妻两一起出国旅行，他们三人来到了完全陌生的国度。由于语言不通，教授和他的妻子显得不知所措。而小高未感受丝毫不便，仿佛仍在自己的国家中，这是什么道理呢？

大家都不明白。待大家思考了好一阵子，做出了诸多猜想之后，教授揭开谜团了：因为，小高是一名婴儿。

教授希望学生们知道，原始的、自我的、初生的感官才是最好的。我们不对自己加入虚荣、骄傲、自卑等思维，时刻让自己像一个小孩子一样，想哭的时候哭，想笑的时候笑，永远保持好奇，那才是最好的。

第七章
人生苦拼,北大教你拼心态

没有人能十全十美，关键是够真诚

北大箴言：

律令性质本极近似，不过一偏于消极方面，一偏于积极方面而已。

——陈寅恪

人无完人，每个人都不完美，你无法做到十全十美，却能做到真诚待人。如何以诚相待？首先要信任别人，同时努力争取别人的信任。

要获取别人的信任，就要拿出我们的诚意。信任是一种人和人之间的心灵沟通，在北大人眼中，真诚是获取信任的前提。

将心比心，你的真诚将会换来他人的信任。我们的一言一行，都会成为对方眼中的信用度评价，就像银行贷款或者信用卡使用一样，我们每个人都有自己的信任度标签，而要在信用度上增值，首先要真诚对待别人，拿出自己的诚信和诚意。

在北大人眼中，真诚是一种良好的心态，真诚温和地对待比起激烈地较劲更有利于问题的解决。因此，在双方交流的过程中，要表现出我们的诚意，因为要想得到别人的信任，表现你的诚意是最直接的方法，其中最关键的是表达诚意的技巧。

对待别人如此，对待我们自己、对待我们的学问也应该如此，我们应该用真诚的心面对自己的学习和工作：懂就是懂，不懂就是不懂，做事要一步一步，不要好高骛远，也不要总想着走捷径。我们必须要客观正确地看待自己，看待自己所获取的，面对自己所失去的，只有这样，我们才能在不完美的自身中寻找到不断完善自我的动力。

没有人是完美的，传奇大师傅斯年也不例外。作为中国著名历史学家、学术领袖，五四运动的学生领袖和历史语言研究所的创办者，他的一生充斥着传奇色彩。

傅斯年是胡适的学生，在胡适面前，他可是"人间一个最稀有的天才"。不过，这一切来之不易，关键在于傅斯年对待学问"真心，真意，真诚"的态度。

1913年，年轻的傅斯年以优异的成绩考入北大预科，读了三年，又顺利考进北大本科。当时，入读北大预科的时候，傅斯年只有17岁，可是已经表现出非同凡响的功底。他的记忆力非常强，总是非常用功地学习，通读中外典籍。只要他看过的，都会通晓一二，而且理解能力也很强。在胡适等教授眼中，傅斯年简直是用最细密的绣花针功夫去做学问的，别人看书是一行一行地看，他看书可是一个字一个字地看，务求将每一个说法都看懂、理解透才罢休。同时，他也是最大刀阔斧的人，遇到不同的学问，他会大胆质疑，大胆创新。

可见，傅斯年对待学问是非常真诚的，而且这种真诚的品行在他北大毕业、考取官费留学资格之后更是可见一斑。

凭借着深厚的学问功底和努力不懈的治学精神，傅斯年在1919年至1926年间，先后到英国和德国留学。当时，很多留学生都会不务正业，因为从封建传统的中国进入西方世界，很容易被西方自由、浪漫、奔放的主流社会风气所迷惑。但是，即便在新世界中，傅斯年也没有受到任何影响，他一心扑到学问上，用尽全力地读书，心无旁骛地钻研学术，以至于很多留学生把傅斯年和另一个全神贯注的中国留学生陈寅恪比喻为大门口的一对石狮子，总是木讷呆板地学习。

不过，傅斯年并不在意，他知道自己要的只是学问。所以他和陈寅恪一样，不花时间去考研究生学位、博士学位，单纯地把所有思想著作学了个滚瓜烂熟，因此到最后，哪怕他半个研究生学位都没有拿到，仍旧成了所有人心中敬佩的学问渊博之人。

此外，傅斯年不仅对待学问真诚，对待莘莘学子，傅斯年更加真诚。

他出了名地疼爱学生，总是不分尊卑地鼓励学生大胆质疑，尊重学术自由，捍卫学生自由思考的权利，从而得到了学生们的敬重。在傅斯年离世之时，新闻广播说"傅斯年先生弃世"，学生们听到之后，以为是"傅斯年先生气死"，结果全部学生聚集在校区，要求校方一定要严惩气死傅斯年先生的"凶手"。学生追思之情的高涨，充分体现了傅斯年对待学生的真诚之心。最后校方公开公布了傅斯年去世的原因，解释了误传，学生们的群情激奋才得以平息。

人生就是这样，没人能够做到十全十美、面面俱到，可是，拥有真诚的品质却能让你获取更多，无论是为人处世还是对待学问，我们都要有一颗真诚的赤子之心。用真诚去求进步，用真诚去关心身边的事物，只有这样，我们才能创造出更好的自己，给予自己更好的生活和成就。

北大行动指南：

1. 换个角度看问题，拿出诚意来

做任何事情，我们要学会设身处地地站在对方的角度考虑问题，把对方的追求与目标放在首位。为了使对方信任自己，彰显自己的诚意，要先迎合对方，以真诚来激发对方的兴趣和热情，从而为今后的合作打造良好的基础。

然后，要动之以情，如果对方的需要得不到满足，无论你如何能说会道，如何熟谙各种洽谈技巧，都将无济于事，都将无法使对方心悦诚服。相反，如果我们能正中下怀，在交流的过程中努力去发现对方的需求，并提出满足其需求的解决方法，对方就会产生"信任感"，这样不但能好好地体现我们合作的诚意，还能收到事半功倍的效果。

最后，我们要懂得"互惠"，在充分表达自身诚意和坦诚的同时，千方百计地彰显你和对方目标的一致性，激发对方的信任。如果想要对方充分信任你，还要强调双方利益的一致性与互惠性，从而提高对方对你的接纳程度和信任程度。

2. 为人处世要低调，谨记"树大招风"的道理

中国有句俗话"高调做事，低调做人"，这是我们生活进步及长远发展的道理。因为在生活上，有能力的人会在工作、学习中时刻展现自己的水平，让自己的工作能力得到别人的肯定和垂青。但是，作为一个优秀的人，应该懂得树大招风的道理，时刻谦虚做人。这是北大才子深谙的道理，也许年少轻狂时，他们会刻意彰显才华，但是随着不断成长、成熟，他们渐渐明白了低调的重要性。然而，谦虚也要有度，要把握住这个尺度并不容易，我们既要学会保存实力，又要适当彰显。说到底，低调做人其实就是一种谦逊的为人处世方式——不当出头鸟，但要勇于说出自己的想法。

北大的学生们，在课堂上，实验室中，不会一个劲地表现自己，可是当接受提问和被征询意见的时候，他们会毫无保留地表达自己的想法。所谓三句现真章，一个人有无能力，通过他的举止谈吐，别人能明确地感受得到。所以说，对待事情，我们不必过于高调，要明白是金子总会发光的道理，不必争先恐后，只需等待时机。

北大思考题：

教授问了大家一个问题：一个先生在太太面前掏口袋的一刹那，一些袋内的酒吧火柴盒、未中奖的马票，以及旧情人的照片等，均散落一地。他在慌张之余，为了避免吵架，双手各遮起一件东西。那么，他所遮起最有效的东西是什么？

大家第一时间想到了，那就是太太的眼睛。

确实，学生的回答很聪明，不过，教授却不建议大家这么想。因为教授希望大家明白，真诚才是相处之道，难道遮住太太的眼睛之后，她会不问因由吗？

所以说，撒谎是辛苦的，你得为自己的谎言编织更多的借口。因此，真诚比起撒谎要有效得多。

今天的一小步，是明天的一大步

北大箴言：

自己生存，也让别的动物生存，这就是善。只考虑自己生存不考虑别人生存，这就是恶。

——季羡林

上天总是公平的，它纵然不会按照你的愿望给你所想要的，也会提供给你所需要的条件。不管是什么样的生活和境遇，不管是什么样的困难和挫折，我们都要将其视为训练意志力以及培养各种能力的手段。来看一则在培训界很有名的故事：

有一次，在举办营销会议的大厅中央悬挂了一颗巨型铁球。有位老人询问参加会议的人员，谁能用锤子使这颗铁球晃动。有两个青年跃跃欲试。他们紧握着大锤子，狠狠地向那颗大球击去，但大球毫无动静。

当所有的人都对此表示怀疑时，那位老人拿出一把小锤子，开始敲击那颗大铁球，敲敲停停。厅中的人都疑惑地看着老人，沉重有力的大锤子都做不到的事，难道这把小锤子能吗？时间一分一秒地流逝，半个小时过去了，人群开始骚动。又过了十分钟，忽然，围在最前面的人大声叫道："看！铁球在动！"

大家仔细一看，果不其然，那颗大球真的开始晃动了。

而后，那位老人淡然说道，如果你在等待成功的途中失去了耐心，那么，你将会用你所有的耐心去等待失败。

第七章　人生苦拼，北大教你拼心态

正如老人所言，做人要有耐心，才能等来成功。我们要明白，今天的一小步，就是明天的一大步，千万不要忽视和轻视这一步一个脚印的勤劳。

不要以为那些北大的学生都可以轻而易举地成功，他们不是顺风顺水地进入这座学府圣殿的。他们之所以能够在全国千万学子中出人头地，经历的艰辛远非常人可以想象。如果没有一点一滴的积累，这一切都是无法实现的。

布衣教授季羡林是国学大师、学术泰斗，是北京大学唯一一位终身教授。回看季老先生的一生，诚如他自己的总结，关键在于勤奋，一步一个脚印。他曾经说过："在长达60年的学习和科研中，不管好坏，鸳鸯我总算绣了一些。至于金针则确乎没有，至多是铜针、铁针而已。我的经验压缩成两个字，是勤奋。再多说两句就是：争分夺秒，念念不忘。灵感这东西不能说没有，但是，它不是从天上掉下来的，而是勤奋出灵感……"

从一步一步的勤奋中，季老先生从一个贫困的农村少年摇身一变，成为了撼动中国文化界的泰斗，这是不容易的。他一辈子都在发奋努力，锲而不舍。虽然季老先生总是将"我年少无大志，中无大志，老也无大志"挂在唇边，可是他却"说一套做一套"，固然没有扬名立万的追求，但是他穷其一生经历做学问，勤奋学习，努力工作。出生于贫困农村、食不果腹的他，没有优越的学习环境和学习条件。他曾经为亲戚们放牛，捡牛草，然后花费一个上午去晃悠，只是为了中午的时候亲戚们给他一口粮。在这么恶劣的条件下，他坚持每天上学，再利用空闲时间来学习外语。在当时，正规小学是没有英文课的，他只能自学。到了中学的时候，除了上课学习，他还参加各种课外补习班，阅读大量课外书，如《三国演义》《西游记》等小说，他通通熟读。

当然，这不是为了打发时间。季老先生只是对古文有浓厚的兴趣，他觉得只有从各种古典读物中一点一滴地积累，才能奠定自己身后的文化底蕴和博学的知识基础。

就是这样，季老先生秉承"宝剑锋从磨砺出，梅花香自苦寒来"的思维，勤劳学习，成为了同时被清华大学和北京大学录取的优秀学子。

他选择了清华大学西洋系，专修德文，并利用闲余时间用心写作散文，

155

赚取稿费。他清华毕业后，顺利担任国文教员。但是对知识的渴求驱使他继续努力求学，所以当了一年国文教员后，他就远渡重洋，到了德国留学，一学就是十年。

当时适逢第二次世界大战，德国国内物资非常匮乏，他顶住饥寒交迫的压力，苦读钻研，终于获得了哲学博士学位，于1946年归国，到北大当教授。在长达60年的教书生涯中，他始终将自己看成是一名学生，坚持学习，不断进行学术研究。

在文革动荡的十年中，他蹲过牛棚，到北大女生宿舍当过守门人，可是他却从不放弃对学问和研究的追求。在传达室工作的时候，他把一些小纸条，撕成小小的一片，在没有人来拿信件的时候，偷偷翻译古印度巨作《罗摩衍那》。一遇到有人来，或者生怕被红卫兵发现的时候，他就赶紧把纸条塞回衣袖中，如此艰辛的条件下，他还坚持翻译出了《罗摩衍那》的前三篇。

文革过后，季老先生得到了平反，能过上简单安逸的生活了，可是他的努力并未停息。在他八旬之年，依旧天天努力工作，坚持每天去图书馆跑一趟，风雨无阻，译释出了两部巨著《蔗糖史》和《弥勒见会记剧本》。他说："只要有一口气就得干活。"

季羡林先生是典型的农民出身，可是他一生都在努力。从小时候的自学外语，到"文革"时期的偷译巨作，再到晚年的活一天，干一天，季羡林表现出了一种严谨治学，永不停息的精神。

就像我们的生活和学习一样，学问和成就不会从天而降，我们必须要一步一步地去吸收和经营，将所学的东西转化成自己的知识，用今天的汗水和努力去编织，才能看见璀璨的未来。

北大行动指南：

1. 一定要有耐心、有耐性，这是通往成功的钥匙

"耐心"与"成功"之间往往是成正比关系的，这是每个人都应该明白的道理。成功不是买彩票，从来都没有一蹴而就的。像北大人一样做事、做人、做学问，沉下身心、踏踏实实去做，才能最终有所收获。

北大人如此，普通人更应该如此。我们需要培养自己的耐心和耐性，无论是对待生活，还是对待学习和工作，都要有一种持之以恒的品质，不能因为一时的失意而放弃，也不能因为一时的成功而停住脚步。我们必须要明白，人生路上，拼的是谁能走到最后，谁能扛得住。那么，到底拼到最后的人、扛到最后的人，凭的是什么意志呢？其实，往往就是耐心和耐性伴随他们出征，帮助他们取得胜利。所以说，耐心和耐性在我们的成长路上是不可或缺、不可丢弃的。

2. 将自己每天的日程表细化

如果你想要从别人给的框框中跳出来，那么你先要给自己制作一个清晰的时间表，做事要做到快人一步。北大人强在哪里？他们胜在细节！

对生活没有规划的人，不知道什么时候应该做什么事，更不知道如何去区分事情的轻重缓急，因此导致效率低下。这样不仅把时间给浪费了，而且还耽误了工作。

别傻愣着了，快去制作今天的日程表吧！

在北大人看来，没有规划是愚蠢至极的，他们在考入北大之初，甚至更早的时间，就懂得了细化每日的日程表，因为这样可以将时间完美利用，提高效率。

北大思考题：

教授给大家举了一个例子：小花每次跑步都跑最后，但这次却在体育考试上拿了个第一，为什么呢？

学生们正在思考，但是教授却哈哈大笑，因为小花得到的是倒数第一。

教授告诉学生们，一个永远跑最后的人，是不可能得到什么第一的，除非倒数第一。所以，如果你想向第一名冲刺，那么你起码要让自己每天跑快一点。

过去已过，学会展望将来

北大箴言：

言人之所言，那很容易；言人之欲言，那就不太容易；言人之不能言，就更难。我就是要言人之欲言，言人之不能言。

——马寅初

北大人心中无时无刻不在思考一个问题，就是"如何让自己变得更加强大，更具竞争力，更有价值"。但是江山自有人才出，年年岁岁的大学应届毕业生和海归回流的各种人才让竞争变得愈加激烈。但是，从北京大学走出来的学子从不为此担忧，因为他们时刻着眼于未来，在他们心中，早已为自己设计好了一个完美的未来。

然而，现实生活中，不少人会因为过往的经历而困住脚步，一两次的考试失败，容易使他们把自己定性为：差生。两三次的工作失意，也容易使他们产生"自己总是不及别人"的错觉。

任何事物都是向前发展的，我们要用发展性的眼光来看待问题。北大人之所以成功，是因为他们早早地发现了这一玄机。他们会在事物处于静止状态时就发现成功的机会，所以他们不会在乎眼前的一点既得利益，而是将眼光放在未来，以期获得更大的利益。

其实，每个人都有自己的过去，都曾经历过各种失败，没有谁的一生永远是青天白云、彩虹高挂的。人生总有暴风雨的时刻，也有梅雨淅沥的阴霾。关键是，我们如何对待我们的过去。过去的领先，不代表永远的领先；过去的落后，也不代表永远的落后。

因此，我们一定要学会给自己的头脑装一个粉刷，选择性地从"过去"

中吸收对我们将来有好处的点子，而后抹掉一些让我们陷入灰暗的记忆，学会展望将来、规划将来，走好人生的每一步。

  1957年4月27日，北大大饭厅发生了一件大事，马寅初在此发表了自己自新中国建立以来第一次公开的学术演讲，提出了牵一发而动全身的人口问题。马寅初提倡控制人口发展速度，这和当时新中国成立之初"有人就有力量"的思维是相悖的。马寅初深知这一点，但是他却提出，这是基于他长期以来对人口调查研究的结果，也是基于他对中国发展的各种思考而提出的。

  这个论调也奠定了他一生的起伏浮沉。

  马寅初，中国著名的经济学家、人口学家，也是不屈不挠的民主斗士。他出生在浙江，1901年考入天津北洋大学，其后赴美深造，先后获得耶鲁大学硕士学位和哥伦比亚大学经济学博士学位。1915年学成归国后，他应蔡元培邀请，在北京大学担任经济学教授，也是北大第一任教务长。

  在北大教书期间，马寅初呕心沥血地将西方经济学理论及研究成果教授给北大学子。他虽为官，但同时也是一名培育英才的学者，这使他具有高度的使命感。抗日战争阶段，他总是挺身而出，写文章，做演讲，抨击国民政府官僚的资本主义制度以及让人咂舌的通货膨胀。他从经济学出发，反对国民政府出卖民族利益的独裁统治。这使他获得了国内人士的高度赞许，也使他受到国民党的迫害，被囚禁于集中营长达数年。

  然而，马寅初就是这种忠于立场，为了真理、为了大义抗争到底，不会因为过去经历而胆小却步的人。在民族大解放、新中国建立之时，他从一名经济学研究专家的角度和立场出发，提出了计划生育的设想，倡导控制人口增长速度。

  这个提法，是中国几千年文化中前所未有的。这个提议很快传到中央领导层耳中，碍于马寅初是响当当的学者，当时中央只是施压说："不要再说这句话了。"马寅初意识到了自己可能遇到的阻力，不过，他就是如此坚持。

  在因为公开演讲收到口头"警告"不足两个月的时间内，马寅初又提交了一份《新人口论》的提案，在文中明确地从十个方面论述了为什么要控制人口，控制人口的重要性和迫切性，以及如何实行人口控制等问题。这篇提案被刊登在了《人民日报》上，顿时引发了轩然大波。

各方开始对马寅初的论调评头论足，因为这时，由毛泽东亲自发动的反右斗争正波澜壮阔地在神州大地开展，并迅速席卷了全中国。很多政客学者开始抨击马寅初是借着人口问题，搞政治阴谋。加上当时中国人口未满8亿，我国又正在开展大跃进，社会上、中央领导层纷纷涌现出"有人才能成事"的思维。但马寅初并不认为自己的理论是错误的，他只是觉得自己的理论是前瞻的、超前的，所以他坚决不改口。

这一次的坚持让马寅初尝尽了苦头，北大也组织了"批马"座谈会，连马寅初在燕园内的住处都被贴满了批斗的大字报。用马寅初的话说："有的文章说，过去批判我的人已经把我驳得'体无完肤'了，既然是'体无完肤'，目的已经达到，现在何必再驳呢？但在我看来，不但没有驳得'体无完肤'，反而驳得'心广体胖'了。"

因为北大学子对马寅初的围攻，不少学者同僚暗示当时身为北大校长的他不再适合担当校长一职。马寅初只好辞职，同时中央政府还剥夺了马寅初发表文章和学术成功的权利，罢免了他全国人大常委的职务，马寅初从此消失在了政治和学术舞台。

但是，他始终不后悔自己的人口控制论调，而事实也证明了马寅初当时的想法是正确的、必要的，是功在当代，利在千秋的。

我们也许会想，为什么马寅初能够如此历尽艰辛，却始终不改志向和坚持呢？其实，他的做法正体现出了一种展望将来的前瞻性。

不错，论马寅初未提出新人口论的前半生，是一个享负盛名的学者，一名响当当的教授，一个全国人大常委。他可以很安逸地在掌声中度过自己的一生，但是，人是不是只停步在自己满意的位置就足够呢？

如果这样，我们就是自私的、不上进的。而马寅初在事业一帆风顺的时候，提出了新人口论，让一切安逸和功名成为了过去，使他的将来面临无尽的考验和黑暗。但是，他始终相信自己的立场是正确的，是需要坚持的，是对将来有利的，所以他咬紧牙关，坚持了下来，无论将来多么艰辛。

所以说，无论你的过去是美好的还是灰暗的，你都要懂得展望未来，目前是将来的过去，我们想要有更好的未来，就要懂得在现在开始改变。哪怕将来的前进之路是迂回的，只要我们现在下定决心，明确目标和立场，仍旧可以走出璀璨的未来。

北大行动指南：

1. 展望将来，要勇于表现自己

勇于表现自己，是人生旅程中体现自身价值的一个技能。在工作和学习的时候，我们要勇于表现自己。北大的学子们深谙低调的处世之道，但是在竞争当中，每个人都像脱缰的野马，飞奔向前，当仁不让。他们要尽情展示自己的才华，勇敢地表现自我。正因如此，他们才会得到更多的机会。

2. 总结过去，沉淀有利于自我发展的经验

完成任务后，无论结果如何，都要学会总结，将这个过程中遇到的问题和解决的方法认真总结出来，给自己作为以后办事的参考。

万一事情的结果不尽如人意，我们也要学会总结过程当中遇到的问题，吸取教训，尽量避免这样的问题再次发生。可以说，每个人的过去都是自己人生中宝贵的一课，无论这一课的课程如何设置，我们都要懂得从中吸收经验，吸取知识，拓展我们的眼界和见识，殷实我们的发展实力。

北大思考题：

一位北大教授在课堂上问大家：要想使梦成为现实，我们干的第一件事会是什么？

不少学生都回答出了冠冕堂皇的答案，可是教授调皮地说：那就是醒过来。

教授希望让大家明白，沉湎于梦想，沉浸于过去，是于事无补的。面对失败和失落，都不能逃避，要做的是醒过来，面对现实，不管现实有多残酷。

不要害怕失去和缺陷，这是另一种获取

北大箴言：

一不为名，二不为利，但工作目标要奔世界先进水平。

——邓稼先

如果你想要获得成功，想要获得更多的财富，就必须用发展的眼光去看待事物，而不是一成不变。在遇到困难时，一定不要退缩，也不要被纸老虎吓破了胆。你的命运要靠你自己掌握，放弃是懦夫的表现。命运从来都垂青于那些善于把握自身命运的人，没有谁的命运是上天注定的。你要做的就是努力改变它。所以从小培养孩子的乐观性格很重要，自己手里的牌再不好，也要坚持打下去，人生这场牌，不在于牌的好坏，而在于打牌的人。

因此，我们不要害怕失去和缺陷，不要畏惧困难和挫折，这对于我们的人生而言，是至关重要的。

邓稼先，著名核物理学家，中国核武器研制的开拓者和奠基者，为我国原子武器、核武器的发展做出了巨大贡献。

很多时候，我们或许会想，成功卓绝的人或许会有不同凡响的人生经历。这可能对，也可能不对，就拿邓稼先的个人成长而言，他是平凡的一个，也是不同寻常的一个。他成长在国难深重的抗日时期，当时所有物资都十分匮乏，连北大、清华等北京城内的最高学府都被迫全体转移到昆明，和南开大学合并成西南联合大学。

邓稼先的家境本就很普通，国难当前，加上环境不济，他要求学其实并不轻松。但是，在战乱频繁和家境中落的现实状况下，他虽然经常辍学、转

校，却依然凭借自己的努力考取了好成绩，于1941年成功进入西南联大学习。

当时，西南联大的教学条件非常艰苦，不仅教学设施简陋，连师生的生活也十分清贫，经常是一个馒头吃一天。也许，在很多人眼中，这是一种教育上的缺陷，是生活环境的一种缺失。不过在邓稼先看来，越是缺失的条件，越能给自己发奋向上、扭转局面的动力。所以他用全部精力用心学习，天气冷，他扛得住，肚子饿，他也扛得住，如此勤奋刻苦地完成了四年学业，以优异的成绩毕业。

毕业后，他进入了北京大学物理系当助教。在北大教学的过程中，他看到了当时中国物理科学教育上的缺失，因为当时中国对于科学技术的掌握和探索程度还非常低，根本不具备和外国抗衡的条件。

这是中国的一个硬伤，一个明显的缺陷。邓稼先看在眼里，也成为了他的强大动力。为了学习到更加先进的科技知识，取得更好的科学水平，邓稼先在1947年远赴美国参加研究生考试，成功进入了印第安纳州普渡大学。由于学习成绩突出，不足两年时间，年仅26岁的他不仅完成了硕士研究生学位，还成功通过了博士论文答辩，取得了博士学位。

邓稼先成为了一颗耀眼的新星，美国政府希望留用邓稼先，给予邓稼先非常优越的条件。可是，这些条件在邓稼先眼里远不及落后的祖国对他的需要。为了报效祖国，他学成归国，全力投入原子核物理研究，开创了中国原子核物理理论研究的新局面，帮助祖国依靠自己的力量成功发展了原子弹，成为了"两弹一星"勋章的获得者。

从邓稼先的经历中我们可以看到，很多时候，失去的，或者缺失的，正是我们前进的动力。诸如邓稼先，没有很好的成长环境，因此促使他下定决心苦读求学，扭转生存环境，改变民族命运；诸如我国近代的科学研究水平，和近代世界发展不相符的科技发展水平，是一种缺失，却正好促使了一批又一批像邓稼先那样的科研人才投身到我国科研领域中，务求创造出不一样的"中国制度"。

所以说，不要害怕失去，也不要害怕缺失，今天你失去的、缺失的，或许正是在告诉你，这是你需要加倍努力的方向。

北大行动指南：

1. 饱经风雨，是人生的必修课

一天，一位北大的学生在树荫下垂头丧气，他觉得自己的成绩追不上别的同学，想做的事情也没法做好。他质疑自己的能力，甚至自暴自弃。

一位教授看到他，跟他说了一个故事：有个农民见到上帝，扑到他跟前对他说，我每年都祈祷有个好收成，不希望刮风，也不希望下雨，更不要有任何灾害，这样我的田地才会有个好收成。上帝执拗不过他，为了让他明白，便决定让接下来的一年果然没有任何风霜，天天都是晴朗的好日子，稻穗看起来长势也很喜人。农民不禁乐开了花，满心欢喜等待收成的那一天。好不容易盼来了收获的日子，可是他去捏稻穗时才发现，稻穗里面的麦子竟然都是瘪的。

这时候教授跟沮丧的学生说：稻穗跟人一样，如果想要成熟，就必须要经历一定的风吹雨打。无论是烈日也好，风雪也好、还是蝗虫也罢，都是要经历的。只有经历了这些，稻穗才能从灵魂上成熟起来，如果人为地避开了这些考验，稻穗只会像温室里的花一样，永远开不了，也只是徒有其表罢了。所以，我们也要从中悟出，人也一样，如果不经历一定的挫折，是不可能成熟的。

2. 别把一时的得失看得太重

不要把一时的得失看成一切，要善于总结失败、总结教训，重新来过。当我们身处逆境时，我们不能将失败的原因归结于其他客观的外在条件。就像稻子的收成不好一样，不要只从天气上找原因，而要从自身出发，看是不是种子不够好、施肥不够到位、管理不善等等。只有这样，你才能找出其中的问题，然后去认真解决，这样你才能从根本上把握自己的命运，做自己命运的主宰。

第七章 人生苦拼，北大教你拼心态

北大思考题：

一次，北大教授问大家：小明的成绩单星期一才会发，为什么星期天晚上他就因为成绩被爸爸训了一顿？

学生们聪明地回答道：因为他爸爸是他的老师。

教授接着问道：为什么小明知道自己的爸爸一定会知道，还是考得这样差？

大家沉默了。

就在这个时候，教授告诉大家，其实，小明考得差不重要，重要的是他没有想过逃避自己的责任。很多时候一时的得失并不重要，哪怕回家要被爸爸打屁股，但该怎样就要怎样，这才是做人的根本，不弄虚作假比起什么都重要。

心态决定高低，好平台不如好心态

北大箴言：

要想做好学问，先要做个好人。什么叫好人？季羡林先生说："考虑别人比考虑自己稍多一点就是好人。"我觉得可以再降低一点："考虑别人与考虑自己一样多就是好人。"认识自己的不足，懂得要依靠团队，千方百计地为优秀的年轻人创造条件，使他们脱颖而出，是我能够获得最高科技奖的原因之一。

——王选

很多人在看到别人表现得比自己优秀的时候，就会觉得自己处处不如人，甚至认为自己一无是处。其实他们的这些想法是不合理的，每个人都有自己的潜能，只是还没有发挥出来。我们要是能够引导自己发挥出潜藏的能力，为将来成为有用之才奠定基础，就相当于在自己的身体里面埋下一颗发挥能力的种子。因此，让自己发挥出潜能是我们必须全力以赴的事情。我们应该学会表现自己，让自己能够健康、阳光地成长。

当我们想要自己主动做一些事情的时候，就要大胆放手地去做，去解决问题，培养自己解决问题的能力。

相反，现实中不少年轻人会出现怨天尤人的心态，认为自己起点不高，比不上富二代，拼不过官二代，于是便用一种自暴自弃的心态对待自己的将来。其实，这是对自己的不负责任。所谓好平台不如好心态，家境、环境和社会给我们的只是一个平台，这比不过我们自身的心态重要。

好平台能让我们有高一些的起点，但是诚如龟兔赛跑的故事，有了好起点，缺乏自身努力也不行。不过，倘若我们能有一个端正的好心态，持之以恒，不懈努力，我们最终能凭借自己的良好心态，战胜环境，克服苦难。因此，与其花时间去埋怨，我们不如树立起一个良好的、积极向上的好心态。

　　王选是著名的北大教授，也是汉字激光照排系统的创始人，他研制出了汉字激光照排系统，为出版行业全过程计算机化奠定了重要基础，也使他自己被誉为当代毕昇，汉字印刷术的发明之父。

　　王选于1954年入读北京大学数学力学系计算数学专业，在校四年期间，他每天无不用功勤奋学习和钻研，甚至为此落下了一身病根，成为当时数学系中出了名的"半死不活病小子"。不过，年少体弱并没有阻碍王选对学问、对知识、对科研的追求。

　　1958年，王选毕业后选择留在北大，继续参加科学研究。那是一个火辣辣的、斗志高昂的年代，北大聚集了所有人才，投入到中型计算机——红旗机的研制当中。虽然作为应届毕业生的王选年纪轻、经验少，可是凭借着出色的学术成绩，他被选入了参加计算机的设计、调试的工作中去。

　　高压的工作如同浪潮一般袭来，通宵达旦是家常便饭，加上长期调试失败，不少同龄人都陷入了沮丧。不过，王选拥有的就是好心态，花一个通宵没完成的，他愿意花两个通宵去弄，因此，他经常一天一夜不睡觉，玩命似的投入到研制工作中，有的时候甚至连续40个小时不眠不休，凭借的就是自己一根筋、永远乐观的心态。

　　熬得辛苦的时候，王选常常回到宿舍，鞋子、衣服都还没脱就睡着了。也是这种研制习惯，让王选体力透支，加上天灾人祸，研制工作愈发艰难。最后，王选还得了一个严重的病——"红斑狼疮"。由于王选总是不愿意放下研制工作，所以在北大里头治疗了好一阵子，红斑狼疮都不见好转。没有办法之下，王选只好回到上海养病，一去就是三年。

　　过程中，王选虽然身患重疾，可是依然没有忘记对新知识的吸收。

　　不过，造化弄人，当王选再次重新投入科研之时，声势浩荡的文化大革命席卷了全中国。北大作为重灾区，加上王选经常收听外语广播，因此，很快被定性为修正主义，再次受到排斥，被送到昌平分校，强制劳动。

　　成长于动荡的年代或许注定命途多舛，王选旧病复发，病情进一步恶化，让他饱受煎熬。在很多人眼中，王选算是生不逢时了，可是他始终没有放弃自己的追求。

王选以羸弱的身躯,熬过了文革批斗。在1975年,他将目光投向国家正准备开发的汉字激光照排项目,他对此感兴趣了。不过,他发现,国外其实已经在研制激光照排四代机了,而中国当时还处在铅印阶段。他心里一盘算,哪怕是我国研制出二代机、三代机,那还是比其他国家要落后一代。于是,他凭借着自己见过大风大浪,依旧能咬紧牙关的良好心态,跨越式地让自己选择了"跳级",下决心研制连西方国家都还没研发成功的第四代激光照排系统。并且,汉字和字母之间有很大的区别,汉字的特点是难、复杂,为此,他还发明出了分辨率超高的字形,高倍率信息压缩技术和高速复原方法,设计出了相应的专用芯片,成为世界上第一个食用"参数扫描方法"来描述笔画特性的专利发明。这项发明开创了汉字印刷的新局面,使我国出版印刷业告别了铅印时代,也使我国的印刷行业在短短几年间取得了质的飞跃,用几年时间走完了西方国家走了几十年的路。

从病小子,到文革被批,再到跃身成"现代毕昇",支撑王选一次又一次战胜苦难、迈向成功的,就是他的良好心态。

很多时候,我们的尝试不一定能成功,但是自己认输了,不再尝试的话,我们一定会输。所以说,与其要求好平台,不如练就百折不挠的好心态,做个打不倒的强人。

北大行动指南:

1. 学会自我反思

假如自己做错了事情,应该懂得悔悟,更应该责备自己,因为悔悟及责备是敦促自己成长的原动力。如果你不知道反省自己的缺点及过失,更不知悔悟,就没办法得到改进与提升。

你以为北大人就不会犯错吗?你以为他们做什么都是正确的吗?并不是这样的,只是他们拥有良好的心态,经常自我反思,所以才能在以后逐步改进,最终变得完美。

自我反思有一种神奇的力量,它可以帮助你去除杂念,更可以让你清晰、准确地做出判断，同时还可以让你理性地认识自己，让你时刻意识到自己的过失并进行改正。只有对自己进行全面的反省，你才可能真正地认识自己，不断完善自己。所以每天反省是每个人都必须要做的功课。通过经常反省，你才可能意识到自己的错误，才能够将过失及错误扼杀在萌芽状态。

2. 充分正视自己，端正心态

勇敢地面对自己，正视自己的不足，对自己的行为进行适当的反省，对那些不正确的想法、不理智的思维、不完美的事情进行反思，再对其进行及时的纠正，这样才可能获得丰厚的收获；如果你自己开始疏忽、开始怠惰，就很有可能会放过那些本来就应该要反省的错误，从而造成错误的进一步出现。

正视自己的形式是多种多样的，很多北大学子都喜欢在夜深人静的时候来到未名湖前，在倒映的月光下反省自己。而你，完全可以在咖啡屋喝咖啡的时候自我总结，也可以在茶楼品茗时反省，更可以在临睡前反省。你可以在任何时间进行反省，更应该让反省成为一种习惯，就好像基督徒临睡前的祷告一样。你应该虔诚地对自己一天之中所做的事情进行深层次的反省，发现自己的缺点，并予以改正。只有这样，你的人生之路才能够走得更远、更稳。

北大思考题：

一位哲学系教授问大家：当你向别人夸耀你的长处时，别人还会知道你的什么？

大家都苦思冥想，教授告诉大家，其实，你对别人炫耀，别人真的不会透过你的炫耀了解到太多，唯一会知道的，就是你不是哑巴。

可是，这个有价值吗？

因此，教授旨在告诫学生任何时候，都要端正自己的心态，这比什么都重要。

时刻谨记要咬紧牙关，遇事要扛

北大箴言：

我也有一句话形容自己："我是一个曾经做出过贡献，今天高峰已过，赶不上新技术发展的计算机专家。"

——王选

我们每个人都有自己的愿望，只是这个愿望有大有小，有的坚定不移，有的随时变卦罢了。而有些人的梦想天马行空，根本不切合实际，这也是很常见的。平常人，只有确立了自己的人生目标，并为之不停地努力，才有可能成功。因为这个愿望将是你前进的无限动力，当你觉得沮丧时，想想你的目标，你就能奋起。当然，这个目标也不可以经常变化，如果很多事情都做得虎头蛇尾、缺乏坚持的话，这样的人生也是注定不会成功的。

因此，我们一定要明白，在追逐梦想的过程中，能帮助自己的，就是自己的坚持和韧劲，要咬紧牙关，扛到底。要做到"没事别惹事，有事别怕事"，这样，我们才可以让自己的人生更加富足，让未来更加美好。

朱光亚在中国核武器和原子武器研究领域，是一位不可多得的泰斗。作为中国首枚原子弹研制技术的总负责人，他可以说是将军之中的将军，统帅之中的统帅。

不过，朱光亚其实是一个十分低调的人，他的低调和沉稳给了他咬紧牙关、遇事就扛、永不服输的精神。

朱光亚与北京大学有着不解之缘。青年时期，他曾在由北大、清华、南开组成的西南联大求学和任教；留美归国后，他投身北大教书，成为了北大最年轻的副教授；在我国核工业创建与发展急需人才之际，他又调回北京大学，参与物理研究室的创办，为我国培养了第一批核物理专业人才。

当时，在1946年，政府遴选优秀青年学者远赴美国考察原子弹制作的相关技术，朱光亚是其中一位。不过，他怀揣着兴奋激动的心情到达美国时，却发现，原来美国当局的原子弹研制机构是绝对不允许外国人进入的。加上政府承诺的50万元研制经费也是竹篮打水一场空，且新中国成立之后，苏联竟然在1959年单方面撕毁与我国签订的相关协定，撤走了原子弹研究专家，使我国原子弹研究项目被迫叫停。

怎么办？最后，我国只好"自己动手，从头做起"，不过，党中央如此一声令下，朱光亚等人却深感压力。当时，朱光亚只有35岁，在科研领域只能算是个年轻人，但是如此年轻的他，却在钱三强的推荐下成为了科学技术带头人。

朱光亚只好临危受命，担此重任。

当时，朱光亚面对的最大困难是什么？那就是一片空白，手头上根本没有相关资料可以参考，他们只能凭空地设想。不过，幸运的是，朱光亚有一次收到了一个人送来的一封信和一张图纸，是一位爱国人士在参加一次聚会的时候，美国一位绅士耀武扬威地拿出一张图纸，声称是原子弹的结构图，然后又卖弄关子地收藏起来。这位爱国人士只看了一眼，但是他警觉地认为这事关国家大业，于是回家后，马上凭借自己的记忆，将这幅原子弹原理结构图描绘出来，传送回中国。

这张所谓的结构图传到朱光亚手上时，很多人都猜疑能不能作为参考，甚至有的科研人员为之鼓舞，以为是天降恩物，给予了他们研制原子弹一个参考。

不过，朱光亚是谨慎的，他知道没有参考资料是莫大的困难，但是不代表在困难面前就该轻易拿到什么都胡乱研究一通。他一看这张所谓的结构图，就知道毫无价值，直接把它扔掉了。

回过头，再面对毫无参考的困难，朱光亚选择了正视困难，扛住，绝不走捷径，也不搞投机主义。他选择脚踏实地地从苏联专家一份报告中留下的碎片开始研究起，从零散的资料中整理出自主研发的方向，最终成功研制出

171

了"中国制造"的原子弹。

过程很漫长，但朱光亚最终成功了。

这有点像我们的生活，每个人都会有遇到困难的时候，但是困难本身并不可怕，可怕的是我们害怕困难，遇到困难就畏缩不前，遇到困难就投降。正如朱光亚当年在毫无参考资料、毫无技术支援的前提下，凭空造出一枚原子弹，容易吗？一点都不容易。算困难吗？是蛮困难的。但是只要咬紧牙关，扛住，一步一步地走，终究还是可以走出自己的成功之路的。

所以说，我们不能因为害怕困难，遇到困难就退缩。我们应该有遇事不怕事的精神，明白困难是扛过去的，世界上没有过不了的坎儿，无论多难过，终究能够过去。

因此，我们要时刻谨记咬紧牙关，遇事要扛，别往后退。

北大行动指南：

1. 改变三分钟热度的做事习惯

如果我们没有一定的意志力，那么无论做什么都是很难成功的。因为如果你意志力薄弱，就很难静下心来学习，你的头脑里会充斥着其他各种东西，影响你的发挥。不只是学习，它还会影响你的一生，让你一事无成。

试想，一个对学习只有三分钟热度的学生，能考上北京大学吗？

因此，我们一定要坚决摒弃做事情三分钟热度的习惯，从平常的小事做起，一点一滴地培养他们的意志力。先从小处做起，譬如认真听好一堂课，认真完成一次作业，然后再慢慢加码，进而保持自己的耐性。

2. 难受时，学会转移一下注意力

就像农作物种植一样。一位文学大师曾经讲过，他不会一天到晚只做一个方面的工作。他的书桌上会放三种"工作材料"，一份是小说文稿，一份是文学书籍，另一份则是自我提升的阅读书本。写三两个钟头小说之后，人的思维便对小说的思维模式产生了惯性，并且容易疲劳，因此，他便转而去写文学类的文稿。又过了几个小时后，脑筋又开始疲劳，于是他便去阅读一些自我增值的读物。这样，能够保证自己的思维和身心得到充分调整，而且，还能转移我们的情绪。

比如，我们对某一项工作苦思冥想而不得其解的时候，我们不懈地死钻有可能使我们身心疲劳，甚至打击我们的自信心。相反，如果我们学会间作，将注意力暂时转移到别的让我们得心应手的层面上，不仅能让我们自信心提高，也可以保持斗志，让我们继续有心力跟难题死磕。

北大思考题：

一位老教授在图书馆中遇到了几位学生，学生正为学术问题争辩得面红耳赤。教授为了缓解气氛，便问大家：你们经常哭吗？

这似乎是一个很普通的问题，有的同学回答不会，有的同学回答偶尔，有的则回答很少哭泣。

这是一个关于坚强与否的思考题，其实，遇事要扛，是每个人都懂的道理，不过，扛事情不代表就不能哭，越是不会哭的人，承受的心理压力越大，因为他们不懂得抒发自己的压抑。

第八章
和北大一起高呼:自我万万岁

不要惧怕不一样，你大可以活出不同

北大箴言：

成功的奥秘在于多动手。

——杨振宁

伟大的科学家爱因斯坦出生于一个很贫穷的家庭，家里的经济条件一直不富裕，而且他的学习成绩也一直不是太好，从小学到初中都是这样，加上他素来喜欢提一些千奇百怪的问题。平常人总会觉得这个孩子有问题。身边有太多的人向爱因斯坦的母亲劝说，劝她早一点带孩子去看病，以免发展严重了。可是爱因斯坦的母亲只是笑笑，并不当回事。别人说得多了，她就会反驳说，这就是我孩子的天性，他绝对是个不一般的人物，我很早就帮他确定了人生目标，我相信他会成功实现自己的目标的。

而爱因斯坦的父亲，也曾经给他立下大志向，告诉他以后要向科研方向发展。但前提是量力而行，有多大的力量就发挥多大的作用，不可妄自菲薄，也不可妄自尊大。父亲帮他总结了一下，虽然他的学业情况一般般，成绩并不是很优秀，可是他却对物理和数学很感兴趣。父亲相信，他可以在这两个方面有所作为，只要他继续努力下去的话。

爱因斯坦的父亲在他很小的时候帮他确定了人生目标，要朝哪个方向去努力，这是难能可贵的。而我们很多人却整天像无头苍蝇一样乱撞，缺乏方向，甚至掩藏了自己突出的领域，这样是很难有大建树的。

虽然每个人的经历不同，成长之路也大不相同，不过，这种不同可能恰恰是我们成才的养分。有太多贫困山区走出来的孩子，最终考入了北京大学，他们在进入北大之前是那么"与众不同"，而走出北大之后又是那么出类拔萃，同样与众不同。

杨振宁是20世纪最著名的物理学家，是诺贝尔物理学奖的获得者。在他20岁的时候，他以优异的成绩从西南联合大学毕业，当时给杨振宁做指导的是北大的吴大猷教授，从此，杨振宁与北大结下了不解之缘。

有一次，杨振宁回国，进入了北大学堂为北大学子讲述自己成长和科学探索的心路历程，尽管杨振宁先生不是第一次回国，但是他依然受到了北大学子无比热情的欢迎。

在一个半小时的交谈中，杨振宁用了接近三分之一的时间去讲述诺贝尔物理学奖的发展历史，提醒学生们一定要注重科普知识的摄取和对科学发展史的了解。

杨振宁在20世纪30年代成长，那时候他在北京一所中学读书，当时有一本叫《中学生》的杂志，从那里，杨振宁第一次接触到了排列组合的相关知识。我们知道，排列组合和对称有非常密切的关系。杨振宁从这篇简单的文章中，洞察出物理存在的奥秘，他想去探索。他认为，一个会写文章的人，能够将近代科学发展用通俗易懂的语言介绍给年轻人是非常重要的。从书本上，大家能得知主流常识，可是这样容易使学生的思维出现定式，使他们总是朝着一个方向思考。

杨振宁对北大学子说，虽然目前中国经济快速腾飞，专业性强的专业很吃香，能用自己的专业去赚钱更加吃香，他也不反对用专业去赚钱的想法，不过，他认为，每个人都有权利不同，每个人都应该有自己的取向。

比如他自己，在留洋国外之后，面对回国还是留外的问题，他就给出了不一样的答案。他说，每个人应该从自身的实际出发，拿教育而言，如果大家在思考到底是出国留学好，还是在中国接受教育好的问题，那么他们应该先了解北大、清华等这些条件压根不比国外差的高等学府，这些学府在很多领域所表现出来的水平或许会比国外一流大学逊色一点，但是绝对比国外二三线的大学要好得多。所以，大家不必一窝蜂地往外涌，觉得外面的学校就一定很好。

杨振宁打比方说：如果一个学生能拿到斯坦福大学的奖学金，那么，他最好到斯坦福深造，出国留学；但如果这个学生只能收到二三线学校的offer，那么，他还是留在国内比较好。

杨振宁希望强调的是：每个人的道路都是不同的，没有必要跟风。无论是对待学习还是跟风，每个人都有自己的特点，都有自己的优势，比如美国学生重视启发性思考，中国学生擅长逻辑性学习。其结果是，美国学生可能思维十分活跃，但是根基不稳，对知识点的掌握不完全；而中国学生因为是按部就班地学习，所以基础根基会比较好，就是发散思维差一点。因此，我们要看到不同，善于发扬自己的长处，尽情挥发自己的能力，不必惧怕自己不一样。

杨振宁在北大的讲话告诉我们，确实如此，我们每个人都可以不同，并且我们生而不同，世界上没有完全相同的两个人，自然也不会有全然相像的两种命运，当我们发现自己和别人不同的时候，不要害怕，我们要善于从这种不同中总结自己的特长和特色，善于发挥，将不同之处营造成我们发光发亮的亮点，这比抹掉棱角、跟随主流、人云亦云要实在得多。

北大行动指南：

1. 要不同，就要有丰厚的底气

知识的海洋是无边的，你不可能掌握所有的知识，但你也不能在知识的海洋上漫无目的地飘荡。要选定自己的目标，而这个目标一定应是你稍加努力就可以达成的。然后，你再朝着这个目标坚定不移地前进。

北京大学的学生们之所以取得了一定的成就，就是因为他们懂得锁定自己的目标，然后朝这个目标奋勇前行，不畏惧任何艰难困苦。这就是目标的力量。而且他们的学习方法也值得我们借鉴，他们会在有限的时间内学习到更多的知识，这就是他们所创造出来的高效率的定向选学法。通俗地解释就是举一反三，由一个知识联想到更加深入的知识，防止自己的头脑负荷过重，从而脚踏实地地学，直至攻克自己的目标。

所以，我们在成长路上，要像海绵似的吸收知识，让自己的底气丰厚起

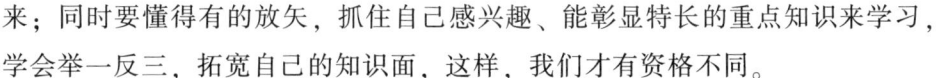

来；同时要懂得有的放矢，抓住自己感兴趣、能彰显特长的重点知识来学习，学会举一反三，拓宽自己的知识面，这样，我们才有资格不同。

2. 要不同，就要有崭露棱角的决心

人生本来就是一场华丽的冒险，哪怕你能力再强，也无法毫无差池地预知前方，你不可能掌握即将发生的一切变化。于是，很多人认为，如果自己像一个圆球，那么，前方的路无论是平坦大道还是坑坑洼洼，都可以好走一点。于是，他们将自己与生俱来的、不同于别人的棱角都去除，成为了一个圆润却不出彩的球状。

但是这样做的后果是，他们虽然能在平凡的道路上走得很好，不过一旦遇上人生的下坡路，遇上逆境，他们就会更加迅速地坠入谷底。因为他们失去了让自己活命、让自己抓住悬崖重新往上爬的个人棱角，他们过于圆润了，甚至说缺乏特长和闪光点。

相反，有的人不惧怕自己的不一样，他们秉持自己本有的棱角。在人生路上，也许起点之际，他的每一步都走得比别人艰辛，本无坑洼的大道，走起来也会慢一些，可是，他们能彰显出自我的不同，遇到困境，遇到绝路，他们的棱角将成为他们绝处逢生的秘诀，成为他们最大的本事，从而实现"咸鱼翻身"。因此，如果我们要活得不同，取得不同的成就，我们就要有保持棱角、崭露棱角的决心。

北大思考题：

一次面试中，北大教授问了应试的学生一道问题：你的劣势是什么？

教授面对每个学生问的都是这样的问题，然而，每个学生给出的答案都不同，大致上是两种：一种讲述自己真正的缺点，例如，迟到、不守时、缺乏冒险精神，等等；有的是过于虚伪的表述，例如，"我觉得自己最大的缺点和劣势就是没啥缺点""我觉得我的劣势在于我实在太爱学习了，除了学习，好像别的事情都提不上劲儿似的"。

这两类答案在教授的心目中都是不及格。你猜为什么？

因为，第一类答案很容易让别人一下子摸清你的底蕴，这是真正的缺点；

而第二类说白了，那是过于虚伪，别想凭着这样的答案骗过教授的耳朵，说不准还会在教授心目中留下不诚实的形象。

那么，面对这个简单得只有几个字的答案，到底怎么回答才是最好的呢？

其实，只要在上述两类答案中找寻一个平衡点就可以了。以"迟到不守时"为例，如果你回答的是：我总是迟到，因为我总是专注于一件事情，一旦我开始了一件事情，我就会有必须把它做完才罢休的执着，所以经常因为一件事情没做完，而无法准时到达下一个目的地。

这样的回答能让人看出你的缺点，可是缺点背后是更大的优点，那就是专注。

第八章 和北大一起高呼：自我万万岁

每个人都是金子，每个人都可以发光

北大箴言：

真正的科学精神，是要从正确的批评和自我批评发展出来的。真正的科学成果，是要经得起事实考验的。有了这样双重的保障，我们就可以放心大胆地去做，不会自掘妄自尊大的陷阱。

——李四光

很多人抱怨自己为了工作和生活日夜奔波，埋头苦干，却一直没法得到别人的认可和肯定，总是与扬名立万擦肩而过，内心难免会对此怨愤。但是，在怨愤的时候，我们也要扪心自问，反省一下：为什么大家都在一样的环境下工作和生活，有的人可以平步青云、飞黄腾达，有的则一直平平无奇、庸庸碌碌呢？其实，造成这个差别的最大原因在于我们对自己的了解，在于有没有给自己发光的机会。

在工作上，上司自然不喜欢散漫的员工，但是这不意味着我们就应该一味埋头苦干，以俯首甘为孺子牛的精神，默默无闻地鞠躬尽瘁就足够。

这很难吧？其实也不难。这是我们对自己拔高的一个硬性要求，是外在压力给我们的动力，也应该是我们自己给自己的要求。意思是，我们不能甘于完成事情，得到生活物质，得到工作机会就满足了，我们要成为优秀的人，让自己闪闪发光。

在这一点上，出自北大的学子就做得很好，他们懂得"做事埋头、做人抬头"的道理，在工作和生活中，懂得适当地抬头，让别人看到自己的付出与才华。他们很清楚，自己是一块金子，而接下来的事就变得很简单了，那就是发光。

凡古今中外集大成者，都是懂得高瞻远瞩，懂得展现自己闪光点的人。因为只有这样，才能让他们看清形势发展，才能帮助自身开阔视野，提升工作之外的边际效应，增加工作的附加值，从而使自己跻身成功之列。

李四光是中国著名的地质学家、科学家，也是中国现代地球科学和地质工作的重要奠基人。他的一生充满传奇色彩，在1904年，李四光还只是学生的时候，就因为成绩优异被选派到日本留学。

和所有留学生一样，李四光非常关注国事发展。当时中国正处于变革更替的年代，孙中山先生力图领导辛亥革命，推翻晚清的腐朽统治，所以在日本成立了同盟会。得知这个消息之后，李四光第一时间申请加入同盟会，成为了同盟会中最年轻的一员。

李四光的做法获得了孙中山先生的强烈好评，孙中山认为李四光年纪轻轻，就有如此强烈的革命意识，非常有志气，必将成才。

果不其然，李四光从日本毕业后，回到祖国，为新中国效力，在武昌起义中，先后担当湖北军政府理财部参议和实业部部长。只可惜，后来袁世凯搞帝制复辟，孙中山被迫辞去临时大总统，李四光遭受到排斥，从此退出政府舞台。

不过，金子是什么？那就是放到哪里都能发光的东西，诚如李四光。

李四光离开国民政府后，马不停蹄地前往了英国伯明翰大学学习，获取硕士学位后，继续回国效力。此时，李四光到了北京大学，担任地质系教授和系主任。在北大，他度过了人生最重要的三分之一时光。由于当时中国的地质学发展还处于起始阶段，一切科研设备和理论基础都非常匮乏。为了解决这个问题，李四光似乎会分身术一样，一人教授多门课程，务求将自己所懂的全部倾囊相授，同时开设了岩石学、矿物学、地质测量及构造地质学等多门课程，保持每周教学实践在19个小时以上。

除了发挥自己专业知识层面的优势，李四光还将自己的性格发挥得淋漓尽致，他对待学生工作非常严肃负责，将教学内容不断丰富，务求达到启发性强、有充足空间给学生独立思考的程度。比如，当时他讲述的岩石学课程，由于教学资源不足，没有办法拿到玻璃质晶体模型。怎么办？这可能有碍学生的吸收和了解。于是他凭借自己的记忆,在上课前早早来到课堂上,在黑板上画出不同的岩石晶体模型的样子,希望能帮助学生了解岩石构造。

除了教学之外,李四光对自己的科研能力也从不掩藏,从未耽搁,在教学的同时,不间断地进行科学研究,进行野外考察。当时,李四光常常带着学生到西山进行现场教学、发掘断层、收集岩石等,一切有助科研、有助知识提高的实地勘测他都不会放过。每次野外考察回来,他就会认真地撰写日记,整理不同的岩石标本,再分门别类地陈列起来。

通过大量的野外考察,李四光掌握了大量资料,为他的地质研究提供了重要依据,使他通过长期而深入的研究,成为了中国著名的地质学家。

当然,我们或许会假设,如果当年袁世凯没有进行帝制复辟,李四光是否会在临时政府的领导下成为一名官员?这是有可能的,不过,正如我们的人生一样,事物总是永不停息地处于变化之中,我们的遭遇和环境会因为时移世易而产生改变。

唯一不会改变、唯一能帮助我们立于不败之地的是什么?其实就是我们的个人能力。我们要将自己看成是金子,并且以金子般的骄傲和自持,不断强化自己的闪光点,只有这样,我们才能静看风起云涌,以不变应万变。正如李四光当官不成,临时政府倒台,他便继续凭借自己的坚毅和能力在新的领域开创出自己的一番成就。

北大行动指南:

1. 将自己看成金子,挖掘自己的闪光点

笛卡尔曾经说过:"我思故我在。"我思考,所以我存在。摒弃唯心、唯物等哲学范畴的观点不谈,笛卡尔这句名言,起码说明了我们自身的思考对于自身存在的价值。很多时候,我们可以成为什么样的人,将会成为什么样的人,都在于我们的一念之间。

一念起,一念灭,如果我们觉得自己可以,那么,我们就会朝着"还可以"的方向去树立自身的形象,实践自身的价值;但如果一开始我们就认为自己"不行",那么就等于给自己的未来盖棺定论了。

大家都看过丑小鸭的故事，如果丑小鸭将自己放在鸭子的行列中与别的鸭子进行比较，那么它就是丑的，奇丑无比。但是，这种表面的丑往往隐含着更深的含义，只要善于探索，善于改变，给自己一个更高、更好的定位，那么丑小鸭也能成为美丽的白天鹅。

因此，无论现在的你是怎样一种境况，如何一个形象，请你一定要将自己看成是金子，这是你人生中必须要做的事情。首先要看得起自己，觉得自己很棒；然后，勇于发掘自己的闪光点，不管闪光点是大抑或小，不管特长是高端的还是平凡的，只要将自己擅长的方面进一步深化培养，哪怕是打油这么简单的特长，也能熟能生巧。

这样，你就可以让别人欣赏到自己与众不同的一面，让自己的才华充分发挥了。

2. 表现自己，一定要"快、准、狠"

古语有云："天下大事必作于细，而后成于实。"意思是，我们要成大事、做好事，一定要埋头苦干、兢兢业业。不过，时至今日，单纯踏实苦干已经远远不够了，古今思维提倡的"实"是一种心态，告诫我们千万别过于好高骛远，但并不等于说实实在在地干活就是完美。

其实，我们需要在实干的基础上发扬自己的闪光点，通俗一点讲：哪怕你是最平凡无奇的环卫工人，也请你立志当一名得到别人啧啧称赞的环卫工人。

面对现代生活要求的不断提升自己，勇于表现自己，并且"快、准、狠"地表现自己才是正道。要做到"快、准、狠"地凸显我们的优势和闪光点，我们要不断强化时间管理的效率，树立"下手快，做事狠"的生活理念，克服工作懒散、办事拖拉的坏习惯。对待每项事情都要立足在一个"快"字上，要学会抓紧时机、加快节奏、提高效率。要有效地进行时间管理，争分夺秒，戒掉"工作拖延症"，时刻把握工作进度，养成干净利落的良好习惯。同时，勇于利用机会，抓住时机展现自己，是一切的重点。无论你是庸庸碌碌地埋头苦干，还是干净利索地高速完成工作，不会表现自己就等于将自己的功劳抹杀掉一半不止。因此，要抓住时机表现自己。

北大思考题：

一次，北大教授向三位女学生问了一个奇怪的问题，教授假设说：现在，如果你们三个人一起到咖啡厅闲坐着聊天，你们觉得你们当中谁是最有魅力的？

答案是四选一：

选项一：觉得自己属于中等，不是最好的，也不是最差的；

选项二：觉得自己最有魅力；

选项三：觉得自己应该是最没有魅力的那个；

选项四：不清楚。

其实，教授的问题，是希望看看三位女生对自己的看法。选择第一个答案的，对自己缺乏自信，不过他们并不自卑，只是缺乏一点自我改造的精神罢了；选择第二个答案的，对自己有充足的自信；选择第三个答案的，自信心的缺失最大，还容易自卑，而且对自己的形象和定位不是很清晰；选择第四个答案的，在他们的心目中，对"自己"缺乏一个整体的概念，容易出现受人摆布、缺乏主见的情况。

让闪光点更加发光发亮

北大箴言：

我们应该顺应自然，立在真实上，求得人生的光明，不可陷入勉强、虚伪的境界，把真正人生都归幻灭。

——李大钊

我们从小就开始学习低调做人，谦虚求学的道理。无论是生活，还是工作，在儒家思想的"怂恿"下，我们总会默默发奋，学会潜伏，储备能量，等待时机。

北大人很清楚，潜伏是为了蓄势待发，沉默是为了一鸣惊人，当韬光养晦了一段时期，自身能力积蓄到了腾飞的程度后，他们就要"发光发亮"，就要突破现状。

因为他们明白，自己有能力、有优势，目前不过是在等待时机而已。在北大人看来，是金子就要发光，而且要越来越亮。

因此，我们要向北大人学习，善于挖掘自己的闪光点，并且将闪光点不断扩大。

上面，我们已经讲述过自身闪光点挖掘的相关内容。我们知道，每个人身上都有属于自己的闪光点。当然，若这么说，你可能会困惑，既然人人都是金子，为什么有的人能如此成功，有的人则如此平庸呢？

其实，这就是因为对自身闪光点的运用、打造和润色过程的不同。你有自己的闪光点，问题是拥有闪光点还不够，还需要不断努力经营，扩大自己的闪光点，让它变得更加明亮。打个比方说，如果你的闪光点是你的专业技能，那么，在中华人民共和国国土内，拥有如此闪光点的专业人才可能不下百万，如何脱颖而出就是个大问题。就像脸谱网站的诞生，国内一些专攻网页编程和程序设计的专业人士会觉得这个程序从编写到实践并不是特别困难，或者会捶胸顿足地想，为什么就让那个美国的年轻人给先想到了呢？

这就是个问题。程序编写是扎克伯格的闪光点，也可以是很多人的闪光点，而扎克伯格之所以成功，是因为他懂得运用自己的闪光点去尝试创新和创造，让自己的闪光点变得更大、更亮。

所以说，我们除了要树立发掘闪光点的意识，还需要时刻准备着、努力着，让自己的闪光点变得更加耀眼，做到"不扎你眼不罢休"。

我们家喻户晓的李大钊，作为中国共产党最早的创始人，伟大的革命家、思想家，在我们新中国的发展长河中，他自然像一颗闪闪发光的星星。

不过，除了后人给他歌颂出来的光环，李大钊本身也有自己的闪光点，并且是自小培育出来的闪光点，那就是勤奋。

小时候的李大钊家庭环境不佳，父母双亡，自3岁起便跟随祖父生活，由于家庭背景的压力，他从3岁就开始学写字，5岁便开始学习四书五经，那时候，无论家里多穷，祖父都希望李大钊能一门心思扑在学问上，用知识改变命运。李大钊也如此做了，每天从早到晚地学习，学习累了，就到庭院中帮助家人干农活。有一次，祖父见到李大钊在干农活，以为他是无心向学，责备了他一顿，事后通过李大钊姑姑的话才得知，原来李大钊是如此勤奋好学的好孩子。别人孩子学习累了，会想玩玩，但是李大钊不是，学习累了，他就帮家人干活，用干活来换脑子，绝不浪费时间在玩耍上。

于是，长此以往，李大钊的学问有了很大的发展，祖父为他找教书先生，可是一个又一个的先生大概就只能教李大钊几个月，时间长了就教不下去。因为李大钊太爱学习了，学问增长太快。然而，从他13岁开始，帝国列强开始对中国肆无忌惮地入侵，年少的李大钊意识到要挽救中国，就要推翻满清统治，建立新中国。为此，他从小下定决心，成为一个有识之士，希望能挽救未来，挽救中国。

1917年，李大钊开始受聘于北大，这个开端改变了他的一生，他通过自己的勤奋和好学，实现了质的飞跃。由于勤奋和思考，在北大期间，他成为了率先在中国系统接受、传播和实践马克思主义的先行者。

当时，马克思主义是一个新鲜事物，不少知识分子只是保持着观望态度，在中国，别说是实践，连理论都是缺乏的。不过对于好学的李大钊而言，这一点不难，他曾经任北大图书部主任，除了努力做好自己保护读书、增值藏书的责任，他还如饥似渴地不断吸收来自外界的思想。从接触到马克思主义开始，他便一门心思地投入到马克思主义学习和研究中，还与陈独秀创办了《每周评论》，在《每周评论》和《新青年》等刊物中，系统阐述了马克思主义的三大组成部分。

其后，李大钊还发扬自己善于组织和领导的特点和优势，发起进步社团，指导社团活动，实践马克思主义。1920年，陈独秀遭遇国民政府的压迫，李大钊秘密护送陈独秀经天津转道上海，过程中，李大钊大胆地和陈独秀提出筹建中国共产党的计划。那是一个大事，在当时，稍有风声泄露，李大钊和陈独秀都可能遭遇杀身之祸。不过，勤奋踏实而前瞻创新的李大钊，不足半年就和陈独秀就筹建中国共产党达成了共识，他们在上海组建了中国共产党第一个小组。两个月之后，勤奋积极的李大钊赶紧回到北大，在北大组建了北京共产党小组，由李大钊担当主任，其后改革为北京共产党支部，李大钊也身兼多职地担当支部书记。

中国共产党建立之后，李大钊积极进行宣传，鼓励北大师生加入中国共产党，取得了很大的反响。不过反响越大，李大钊就越成为国民党的眼中钉。在1924年，李大钊协助孙中山改组国民党，建立国共合作统一战线。由于他的主张和做法触动了军阀和地方势力利益，于1927年被奉系军阀张作霖暗杀，壮烈牺牲。

综观李大钊的一生，我们不难看出自我能力发挥的可贵之处，说实在的，李大钊可以偏安一隅成为一名安稳的知识分子，可以安逸地担当北大教员，甚至可以做一个和世道不相纠缠的文化人，但是，这些都不是他想要的。他知道，他的身上有闪光点，有自己的优势和长处，但是个人的优势和闪光点单纯用于培养自己是不够的，还要将闪光点不断扩大，成就民族大业。

我们也是一样，身上总有自己的闪光点，不过闪光点的大小不同，作用也不同。如果你觉得自己在某个领域有出色的表现，就要试着扩大自己的闪光点，将闪光点的作用放到最大，让自己变得不一样。过程中你会发现，人就是"越强就越强，特长越培养就越见长"的一种存在。

北大行动指南：

1. 别给自己的平庸找借口，学会解决问题

当然，想要发光发亮，一鸣惊人，也不是说惊就是喜，毕竟，在你决意要一鸣惊人之前，必须对自身的情况进行客观判断，看看自己是否具备一鸣惊人的条件基础。

我们经常在新闻上听到，某个北大毕业的高才生做出了一番惊人的成绩，不禁感叹：为什么总是北大呢？其实，这些北大人都遵循一个简单的信条：不找借口，专找问题。

大多数人会看到工作和生活中的问题和障碍，但是能够一鸣惊人的人，不但看到了问题和障碍，还能立马联想出应变计划和解决方案。失败的人找借口，成功的人找方法。要有解决问题的决心和能力，才能踏出发光发亮的第一步。

2. 勇于挑战自己，给自己不安分的理由

在人生中，处处会存在着各种挑战，而面对挑战，很多人会安于本分，想着多一事不如少一事。但是，在北大人看来，"安分守己"是失败者的表现，他们要尽全力发挥自己的潜能。因此，面对极限挑战，他们会使出浑身解数，尽力完成，不会望而却步，这是发光发亮的心态准备。

我们要明白，过于安于本分的人，久而久之，就形成了只会着眼于自身小范畴、安守小本营的思维。但是，对于想要发光发亮的人而言，生活环境的小范畴是满足不了他们的大野心的。他们必然会关注全局，谋求发展，事事着眼于大局和宏观发展上，这样会使他们更加具备成功向上的动力，也是从优秀到出色的一个基础。

北大思考题：

在建筑系的课堂上，一次，建筑学教授问在座学生一个问题：如果你有自己的郊外小木屋，你会为它设计一个怎样的小栅栏？

答案有四个，第一个是用木栅栏将整个房子的四周围起来；第二个是选择砖栅栏；第三个是铁栅栏；第四个是不设栅栏，选择用花草树木代替。

教授这个问题，看似是建筑系上的研究问题，其实是一个启发学生自我认知的思考题。选择木栅栏的同学，优点和缺点都会表露无遗，属于爱恨分明、不怕天不怕地的类型，因此在生活中，他们很少会遮掩自己，面对优势项目，他们会全力以赴，面对劣势事项，他们也会坦诚布公自己的不擅长；选择砖栅栏的同学，相对妄自尊大，面对自己不擅长的领域很容易出现硬着头皮往上赶的情形，这样容易得不偿失；选择铁栅栏的同学，内心比较明快，他们善于公开自己，和别人和平相处，不过除了个性乐观，其他的领域可能不是特别突出；选择用花草树木代替栅栏的同学，容易出现目标游离、广而不专的问题，需要特别注意。

尽情地发挥自己的才华,别让自己"被埋没"

北大箴言:

每一个灵魂是一个世界,没有窗户,而可爱的灵魂都是倔强的独语者。

——何其芳

中国人的传统思想推崇"韬光养晦",指的是我们要有意识地隐藏自身的才能,不过分炫耀自己明显高于别人的优势,也不刺激或者诋毁别人的短板,同时不时低头反省,修正自身,暗中提升,使自己的才能日渐增长,为日后的发展积蓄力量。

因为,人生在世,受点委屈、受点挫折是在所难免的。不过,如果我们过于锋芒毕露,很容易让自己陷入被孤立的处境,这样要发展和成长就更加困难了。

不过,韬光养晦是一种精神,而不是一成不变的。我们韬光养晦是为了在适合的时机展现自己,因此,我们不能以韬光养晦作为借口,让自己平庸,不然,哪怕韬光养晦一辈子,你终究是难以找到腾飞起步点的。

因此,在低调处世的基础上,我们还要善于发挥自己的才华,不要让自己被埋没了。

很多人以为发挥自己的才华,看上去和韬光养晦、低调做人的宗旨有所相悖,其实这只是我们的错觉。在低调的过程中,我们隐藏实力,同时也要增强实力,为的就是将自己的才华在适当的时候适当地发挥出来。因此,遇上能彰显自身才华机会的时候,我们万不可迟疑,万不可畏惧。要知道,低调是一种品质,而发挥才华是一种能力,这是不相抵触的。

有能力而善于发挥、勇于解决生活难题的人不招人厌恶,只有那些高调做人、不懂装懂子的人才会惹人烦。虽然在发挥才华的过程中，难免招来妒忌，但是，"不招人妒是庸才"，与其平庸得让人瞧不见，何不暗中发力，待能量储备充足的时候充分展露才华，让别人认同你，甚至羡慕你呢？

胡适一生中发掘过不少有识之士，其中一位就是罗家伦。1917年那次北大招生，让胡适记忆犹新，他记得他曾经看过一篇文章，直接给了这篇文章满分。他在招生会议上表示，非常希望北大能够录取到这样的学生，作为校长的蔡元培看了一下这篇满分作文，也十分认同胡适的想法。

不过，这件事引发了争议，不是因为这篇文章拿了满分，而是因为这个考生在数学科的入学考试中考了零分，其他科目的成绩也非常普通，仅仅是文章写得好而已。

这位颇具争议的学生就是罗家伦。

很多教授反对过于偏科的罗家伦，认为能否进入北大，还是应该以综合水平来做评断，过于偏科不一定适合北大的育才理念。不过，全赖蔡元培和胡适的坚持，最后，北大还是破格录取了文章满分、数学零分的罗家伦。

自然，罗家伦后来的表现也没有让蔡元培和胡适失望。一进入北大，罗家伦便充分发挥了自己善于思考、善于撰文的特点，和傅斯年等人发起"新潮社"，编辑出版《新潮》杂志。在五四运动中，他起草了《北京学界全体宣言》，推动了五四运动发展，连"五四运动"这个提法，也是首次由罗家伦提出，并沿用至今的。

到1920年为止，罗家伦在北大的学习成绩一直优异，得到了蔡元培的推荐，获得了实业家穆藕初的赞助，得以到美国、德国、法国、英国等地留学交流。学成归来后，他回到母校，希望用自己所学培育出更多优秀的学子。

不过，此时的中国时局动荡，他在东南大学短暂任教之后，便卷入了大革命的风波，被蒋介石任命为清华大学校长。

当时，这个清华大学校长不好当，因为在别人眼中，那就是国民党的傀儡。他是由南京国民政府外交部任命的，因为当时清华大学的前身是清华留美预备学校。

但是，别人怎么看是别人的事，作为校长，罗家伦只想尽自己的才能，为学校、为学生做自己力所能及的事情罢了。

很多人可能会觉得，正如蔡元培于北大那样，梅贻琦对清华大学的改革和贡献居功至伟。其实不然，在梅贻琦之前，首先是罗家伦，他为清华大学做出过难以取代的奠基工程。凭借着自己一份教育家、文化人的革命热情，他依然将清华大学改名为"国立清华大学"，希望强调学术独立性。

同时，他以教育家的豪情，整肃了清华大学当时的校风和教风。他邀请众多才华卓绝的志同道合之士，例如杨振声、冯友兰等到清华任教，并且倡导廉洁化、学术化、平民化和纪律化。

他认为，要想学校好，首先要老师好，因此，他一上任，原本的55个教授，他觉得不称职的全部辞退，一下子去掉了37位，引发轩然大波。同时，他对待学生还一视同仁，不论家底，不论背景，不论男女，以真才实学说话。

他在上任清华大学校长后的做法，可以看到他自己年轻时的影子，不管别人喜欢不喜欢，反正就是忠于自己的专长和所爱，用实力做评判。

每个人都一样，我们总有自己的才华，不过，在纷繁的生活中，我们不一定有机会展露自己的才华，或者对自己的才华欠缺一个深入的了解罢了。

如果你觉得你像年少的罗家伦，在某个领域有着闪闪发光的才华，那么你一定要保存它、发扬它。正如现在还不时会见到很多文科状元、理科状元在某个领域表现出惊人的才华，但是其他领域可能相对逊色的情况。面对这种情况，我们要怎么做？也许我们可以向罗家伦学习，善于将自己的才华发扬，千万别碍于世俗的眼光或者生活的桎梏，因而掩藏了自己的才华。

北大行动指南：

1. 发挥才华，不等于硬当出头鸟

我们在生活和工作中，总会遇到不如意或者不顺心的事情，比如一项计划的开展过程中遇到麻烦，我们和伙伴之间产生分歧。遇到这种情况，最忌讳的方式是一味争辩，做吃力不讨好的事情，这样不仅损了自己的形象，还会给伙伴们落下顽固、不认错的印象。聪明的北大人绝不会将精力放在无意义的争执当中，反而能够学会忍耐，主动化解矛盾，也显示出了宽大的品性。

才华横溢的北大人，无论到哪里都是焦点人物，但他们很少锋芒毕露，绝不硬当出头鸟，这就是他们的过人之处，值得我们好好学习。

2. 发挥才华要注意适时适度，有目的性

人是一种有智慧的高等动物，我们做的每一件事，说白了，就是为了达到某一个目的。虽然这么说看似有点功利主义，但是，事实就是这样。

很多人在发挥自身实力的过程中，目的不明确，容易弄巧成拙。主要体现在，觉得自己有能力，所以遇事强出头，甚至明明知道这件事情与自己毫无关系，哪怕自己不一定能完全胜任，也会为了表现才华而揽到身上。

这样，固然能体现自己的实力，不过同时容易"过犹不及"。一方面，如果我们什么事情都强出头，容易给别人留下事事争功好胜的影响；另一方面，我们一定要对自己的才华有一个判断，有才华，不代表你能胜任所有事情，如果将一件过于繁重或者超出自己能力范围的项目揽到身上，最终完成不了，岂不是得不偿失？

因此，发挥才华要注意适时适度，要从自身的实际能力出发，不要着急，生怕没有自我表现的机会。在做事之前，我们要有一个预判，看看自己的能力是不是能够胜任。同时，如果完成一件事既帮助不了自己，反而影响别人能力的发挥，那么这种无目的的发挥，我们还是能免则免更好。

北大思考题：

教授有一次问了学生们一道很简单的题目：有一个人，他是你父母生的，但他却不是你的兄弟姐妹，他是谁？

答案很简单，北大学子们稍一思考就解答了出来，答案就是：我们自己。

没错，答案是"我"。

不过，这个问题虽然简单，却埋藏着哲理。很多时候，我们总是会看着别人，喜欢和别人攀比、比较，但其实，这个世界上不会有同样的两片叶子，我们和别人都不一样。因此，教授希望让学生们明白，自己就是自己，人比人得死，货比货得扔。

我们没有必要纠结于与别人的比较，更重要的是我们自身的发展。

第八章 和北大一起高呼:自我万万岁

清晰目标,学会忍耐

北大箴言:

人生学艺之道无它,锻炼意志第一。

——徐悲鸿

在生活中,我们经常会说"忍一时风平浪静,退一步海阔天空"这句话,可谓至理名言,传承千年。

成功者的忍耐力是超强的,为了实现目标,他们可以忍受一切,其坚定无人能比。

然而,这样的忍耐并不是盲目的,这是一种聪明的忍耐,就像北大人一样,他们精于计算,他们对自己要做的事情常常要经过一个"度"的判定,之后便可以发挥自己的忍耐力。因为他们明白:学会忍耐,培养自己的忍耐力才能通向成功,但是忍耐不等于哑忍和盲从,关键是在于,通过忍耐获得的东西是否有利于自身成长和发展需求的满足。

徐悲鸿是我国著名的画家,曾经留学欧洲,学习西方绘画艺术。在他留学期间,曾经发生过一件为人所津津乐道的事情。

由于当时是20世纪20年代,中国人走到西方世界总是会遭受到歧视,这是弱国无外交的直接后果,很多中国留学生都会有如此遭遇,徐悲鸿也不例外。当时徐悲鸿在欧洲学画,由于西方绘画和中国传统绘画工艺有所不同,中国画侧重写意,而西方绘画侧重写实,连带阴影,光线和立体扫描等都是大相径庭的,因此,徐悲鸿总是要付出加倍的努力才能赶得上外国学生的学习水平。

那时候，由于中国留学生叫人瞧不起，徐悲鸿总是受到外国学生的挑衅和欺负，经常有洋学生对着徐悲鸿大吼："你们就是愚昧无知，中国人天生就是当奴才的料……"诸如此类的恶言相向，深深地刺痛了徐悲鸿的心。

为了学习，为了能全心全意地学画画，徐悲鸿总是用自我平息、自我调节的方式对待生活中的不公平待遇，他总是告诉自己：要忍耐，我是来求学的，不是来吵架的。

不过，徐悲鸿哪怕一门心思地学习，也还是难免遭到各种嘲笑和歧视，无论他怎么忍耐，冷嘲热讽还是不绝于耳。终于，忍无可忍的徐悲鸿为了捍卫祖国和民族的尊严，亲自登门向一位洋学生挑战。

不过，善于忍耐是徐悲鸿的特长，他上门挑战可不是脑子一热的后果，他是经过深思熟虑的，为了给自己赢得一个相对平和的学习环境，为了捍卫中国的尊严。他和洋学生打赌说："我代表我的祖国，你代表你的国家，等学习结业时，看到底谁是人才，谁是愚才，如何？"洋学生觉得中国人画西方画肯定画不好，就一口答应了。

从此之后，洋学生总是很用功，经常细心地留意徐悲鸿的动向，而没有再肆无忌惮地出言侮辱了。徐悲鸿赢得了耳根清净的学习环境，认真学习，长期发奋努力，一有时间就到罗浮宫、凡尔赛等大型博物馆临摹世界名作，有时候一去就是从早到晚，连饭都不吃。

结果，功夫不负有心人，通过刻苦勤奋的学习，徐悲鸿进入巴黎国立高等美术学校学习的第一年，他的油画就获得了法国艺术家佛拉蒙先生的高度赞赏。在竞赛考试中，他凭借着出色的绘画技术获得第一名，技压群雄，将其他洋学生都比了下去。他的油画更获得了在巴黎展出的机会，轰动了整个巴黎艺术界。

这时候，那个对着徐悲鸿趾高气扬的洋学生，早就输了。他见识到了中国人的力量，再也不敢和中国留学生叫板了。

我们试想一下，如果当年年少气盛的徐悲鸿缺少忍耐的品质，将时间都花在和洋学生怄气上，那无异于是在浪费自己宝贵的学习时间，浪费自己的

青春,甚至会输掉自己的将来。

我们在生活中也是如此,很多时候,过于执着于一时半会儿的成败,总是沉不住气,是难成大事的,无论是面对自身的逆境,还是面对别人施加的压力,我们都要学会忍耐,要懂得将今天所受的屈辱转化成动力,默默努力奋斗,千万不要好胜,争一时之勇。

北大行动指南:

1. 将苦难转化为动力,在忍耐中蓄势待发

能考入北大不容易,走出北大之后能够出人头地更不容易,这些人中有很多受尽苦难的孩子,在他们看来,为了明日的辉煌,今天的忍耐是值得的。

的确如此,懂得忍耐的人,更加接近成功,他们无限度地提升了自己承受苦难的能力,使自己具备更为强大的反弹力,在适当的时机发挥自身的光彩。

2. 忍耐需要成熟处理,不能盲目哑忍

在北大人看来,忍并不是忍气吞声,也不是卑微懦弱,更不是等级低下的原因。忍其实是一种战略,能培养并锻炼你们自己的性格。忍带给你们的是更加坚毅的性格,是更加强烈的进取之心,忍一时,会促进你做成其他人办不到的事情。

越是遇到苦难和不公平对待,我们越不能害怕。不要隐藏自己苦难的过去,反而要将过去的苦痛看作是明天前进的动力,不忘屈辱,不忘挫败,全速前进。

我们之所以要忍耐,不是懦弱的哑忍,恰恰相反,我们要的是隐忍。就像汉高祖刘邦,当年直取咸阳,在一时意乱情迷之下,真有画地为王的冲动。可是,他最终也没有这么做,他不仅没有称王,也没有和项羽针锋相对,他选择了隐忍。因为他知道目前自己的实力未足以和项羽抗衡。

但是,刘邦的隐忍,为他换来的不是耻辱,也不是挫败,他最终打败项羽,成就了一方霸业。因此,我们要知道,之所以隐忍,是因为我们在等待,等待着陡转的机会，等待着翻身的机会。忍耐不代表我们服输了，相反，我们要不气馁，怀抱着希望，翘首以盼我们即将来临的成功。

北大思考题：

北大校园内举行了一个晚会，大家都盛装出席。一位教授走到一群女学生身边，问了学生们一个问题：你们看看你们的衣服，如果这件衣服你很喜欢，但是别的同学却说这身衣服不好看，你会怎样？

几个学生叽叽咕咕地说了一堆，有的说拿回去跟店家换别的款式；有的说，没办法，以后就少穿一点；有的说那以后都不穿了；还有的说，不管别人的看法，自己喜欢就经常穿。

其实，教授的问题是在考验学生们的忍耐力。因为人生漫长，我们总不能做任何事情都让所有人满意，尽管我们会尽力地做到满足大家的期望，可是一千个读者心目中就有一千个哈姆雷特，因此，无论你怎么做，在某些人眼中可能还是不足的。

所以，我们要学会忍耐，说去服装店换款式的同学缺乏主见和忍耐力，目标很容易随波逐流地游离；选择以后少穿一点的同学比较在意别人的看法，总是倾尽全力地满足别人的期望，而忽略了自身的长远规划，自然忍耐力也相对较弱一点；选择完全不穿的同学，有一种自暴自弃的倾向，当他们尝试一件事情而失败的时候，可能会出现一朝被蛇咬十年怕井绳的情况；而选择不管别人看法，照穿不误的同学，比较坚持己见，有忍耐力。

人生凶险，要学会"王婆卖瓜"

北大箴言：

个人的一生都应该给后代留下一些高尚有益的东西。

——徐悲鸿

古语有云："酒香不怕巷子深。"，不过，如果巷子的确太深，或者有酒香的店实在太多，那人们能否闻到你的酒香确实是一个疑问。坚持自身的优势是好事，也是为人做事的根本，但是逆向思维，换个角度想想，如果我们能把满溢的好酒放到显眼的地方，是不是更加能够方便别人去认识自己、接受自己呢？

尤其是现在，江山辈有人才出，人才竞争已经愈发激烈，大家的竞争关系也变得愈发明显，没有人会将机会拱手让于你，也别指望领导们个个是深入巷子的酒客，很多时候，机会只能靠自己的双手去主动争取。

正如很多人会抱怨千里马虽好，却少有伯乐发掘一样。其实，既是千里马，大可奔走着去寻找属于自己的伯乐，何苦"守株待兔"等人发掘呢？

所以，面对复杂而漫长的人生竞争，首先，我们要懂得自己夸自己，让别人知道自己的长处，明白我们的价值，不要总以为你是一颗等待发掘的新星。现在已经是时移世易了，千里马很多，哪怕你自认为是汗血宝马，也不要默默苦等，要懂得用自己的才华和能力告诉别人"你行"。只有懂得建立自我形象，并完美地推销自己，我们才能在人生的竞赛中立于不败之地，才能越战越勇。

董永章和李牧都是北京大学商学院毕业的学生，董永章是李牧的师兄。

由于是名校毕业，加上资历超过5年，在部门当中算是不老不嫩的油条儿，但凡遇上比较棘手或者难做的项目，部门领导大多会想到这两个人。9月份，领导从上级那里接到一个不可能完成的任务，那就是用一个月的时间，将某品牌打进各大超级市场，上架销售。因为品牌具有实力，但是给商场的毛利却不高，因此，很多商场都不乐意让这种品牌的饮料上架。领导没辙，就找来了董永章。董永章接受任务之后，不辞劳苦，总算完成了这个区域内的商场上架。在他完成任务的时候，领导十分高兴，和董永章开展了对话，董永章简单就上架商场的名单陈述了一遍，然后就是关注自己的提成和分红。

10月份，上级部门见董永章的工作做得不错，于是加大了工作难度，开始想要拓展这个品牌在相邻区域的上架率，这比之前的任务难度更大。领导思前想后，想让董永章继续尝试，可是见董永章态度不明朗，只顾提成，也没对工作方法做出任何有效总结，领导便觉得他的心思也许更多的是放在自己的利益上，而不是部门的利益上。结果领导就将这个任务分给了李牧。

李牧也不辞劳苦地完成了任务，在和领导汇报的当天，他利用自己仅有的休息时间整理出了一份长达10页纸张的工作汇报，里面整理了工作方法、不足和改善方案，还表述了工作当中所遇到的困难。领导一看，甚是感动。自此之后，李牧便成了领导多加重用的干将。因为他有自己的声音，他善于总结，善于整理工作头绪，他有这份爱工作的心。

虽然我们经常说在工作中应该将功劳让给领导，把成就留给上司，但是适当的时候，我们还是应该发出我们自己的声音。适当地表现自己，在辛勤工作取得成就之后，让领导知道，此成就你有参与或者付出过汗水，他自然会在心里记住你。不要害怕别人批评你"好大喜功"，而应该担心自己的努力有没有被人看到，自己的才华有没有被人发觉。像李牧这样，在完成工作后，向老板汇报的时候，可以先说工作总结，给老板一个满意的结果，然后要繁简有致地说说工作过程中自己遇到的困难。除老板之外，还可以将自己做过的努力，以隐晦的方式告诉同事、部属，甚至倒茶的阿姨，让他们成为你无形中的宣传大使，使你的努力得到很好的宣传。因为我们要想方设法做个"会发声的人"，引起老板的注意，这样会更加容易得到领导的重用。

除了工作技巧，透过董永章和李牧两位北大学子的遭遇，我们还能看到，其实，很多时候，人生在世，人在职场，都需要自我推销的。你有本事完成一项任务，不代表这项任务就完成了，如果你仅仅是完成后就算了，那么你只成功了一半，或者占据了一半的成功份额。关键在于你对自己的推销，让别人知道你是如何做到的，下次还可以找你承担工作。这样你才能得到别人的认可，让别人下次还会想到你，认为你果真能做事。

北大行动指南：

1. 勇当急先锋，别太默默无闻

在生活中，有很多人非常像《西游记》里面木讷的沙僧，有工作能力，却不知道应该怎么样去推销自己；总是默默无闻，以完成别人交付的任务为最大目标；凡事怕惹麻烦，害怕在别人面前出风头。还有一些人独具才华和见解，但缺少主动展示自己的勇气，成了生活中典型的"逃避专家"。这样，就会使他们失去宝贵的表现甚至成功的机会，还给大家留下一种平庸、无作为的印象，使人生之路更加艰难。

在北大人看来，沙僧这样的员工不是好员工。这种过于默默无闻的作风，不利于个人发展。正确的做法是，勇敢地站出来，表现自己，用行动诠释自己的见解、主张，告诉别人你的想法是什么，你有多大能力，这也是为什么出自北大的毕业生总是在社会上被委以重任的原因之一。

2. 学会在适当的时候，恰如其分地自我举荐

相信不少人都有这样的经验，当某位同学解答出一道难题并说出解题思路后，我们会深深地叹息道：其实这个我也能做到。

那你当时为什么没有做？

其实，这是一种缺乏信心的表现。即便对方是学界权威，即便是北大才子，你也不能甘于等待他们得出正确答案。你一样要积极思考，因为不行动永远不会有结果。

当你进入社会之后，就会发现机会都是主动争取来的，所以在适当的时候毛遂自荐很重要。给对方留下积极的印象，这样才有可能得到更多的机会。

北大思考题：

一位北大教授问学生们一个问题：当你在路上遇到自己不喜欢，或者不喜欢自己的人，你会不会主动跟他打招呼？

有的学生说，一定会；有的学生说，偶尔会；有的学生则说，可免则免。

教授的提问是希望从侧面窥探学生们的自我营销能力。因此，面对自己不喜欢或者不喜欢自己的人，会产生一种心理屏障，这比面对自己喜欢的，或者喜欢自己的人进行自我营销要难得多。

回答"一定会"的同学，有很强的自我营销能力，有着哪怕对方不喜欢自己，自己还是会全力以赴在对方面前展现自己的品质；选择偶尔会的同学，有一定的自我营销能力，但是对自己的个人形象和能力还是存在一定的怀疑；而说可免则免的同学，在自我营销方面缺乏完整的意识训练，存在逃避主义，有时候甚至会害怕在别人面前展示自己。

我们知道，每个人活着都有自己的形象，有自己的实力，不过，在交际的过程中，在工作学习上，我们除了安于本分，还需要懂得建立自己在别人心目中的形象，学会自己给自己做推销，这样才能事半功倍。

第九章
抓住机遇,北大教你定方向

机会总是留给有准备的人

北大箴言：

从事有趣的、富有挑战性的设计，本身就是一种愉快的享受。

——王选

人生本来就是一场漫长的赛跑，有人跑在你的前头，自然有人跑在你的后面。但综观众多人生跑手，却有不少人在交叉点上气馁和犹豫。今天，我落后了，并没有在工作会议中表现得最积极、最活跃；这个月，我落后了，没有成为本月最优秀；今年，我落后了，同期进入公司实习的同学转正了，但我却还停步不前……诸如此类的怨声载道此起彼伏。

其实，我们要明白，人生赛场的成功和落后是相对的，所谓天外有天，人外有人，我们永远没有可能做到永恒第一。同样，我们也不会永远落后，一切在于机遇来临时你是否能紧紧抓住。

抓得住机遇，哪怕你是落后的人，那么你也有可能反败为胜；错失机遇，即使你是遥遥领先的选手，也可能因为和机遇失之交臂而变得落后。

当然，我们并不鼓吹投机主义，将一切人生成败归咎到"机会"两个字上。我们所讲的机会，不是平白而来，它对所有人都一样，是一种难以名状，却足以让人扭转乾坤的重要际遇。不过，它只会留给有准备的、善于发现它的人们。

所以说，我们不提倡指望机会从天而降；我们要提倡的是，懂得装备自己，时刻准备着，迎接机会的降临。

有个年轻人，在力排众议的情况下，选择了一份不为人所看好的职业。

2009年，他毕业于北京大学，读的是市场营销。在他毕业的时候，房地产开始一扫金融风暴的阴霾，大有起色。家人和朋友都建议他投身房地产业，当个市场营销策划什么的，既安稳，又能有提成。但是他不听，他偏要向父母借钱，租了个铺位，做二手货买卖。大家都认为这种捡破烂、卖烂铁的活是没有水平或者低学历的人才会做的。但是年轻人不认为这样，他对市场有洞察力，认为房地产重新兴旺，必然伴随着居住人员的流动，旧家私的买卖会大有市场。于是他苦心经营，每次碰到有小区居民搬家，就以低价收购家私，然后将收购回来的家私或者摆设重新包装。他的女朋友学的是艺术设计，于是二人就齐心合力，将旧东西略加粉饰和加工，换上新貌。

结果不到一年时间，年轻人和女朋友经营的二手店，就因为价钱公道和艺术改造得体，而成为了附近一带远近驰名的好店。

在大家觉得这位年轻人的眼光不错，在家人觉得二手名品店可以好好做下去的时候，这个年轻人又开始改变眼光。

他留意到，在流动性强的北京，二手艺术家私的买卖虽然红火，但是毕竟不是永久的。于是他把店面关掉，和女友南下，到了偏僻地区开展房地产工作。

很多人都觉得他们疯了，因为当时经济低迷，别说偏远地区，就是珠三角、长三角地区的经济发展都有了很大滑坡，这个时候才进行地产投资，无疑是下下之策。

不过，投资这种事谁能说得准呢？他们在地价低廉的时候，买了一间小小的厂房，进行艺术工艺品生产制造，可是不到两三年，珠三角地区掀起了腾龙换鸟政策，很多珠三角发达城市的制造业在政府牵头的带动下，纷纷迁向偏远地区。这时候，年轻人所在的地方引发了无限商机，不仅制造业兴旺了，地区发展水平也稳步上扬，他和女友的工艺品生产生意非常红火。

很多亲戚朋友都说，年轻人总是得到上天眷顾，总是获取到机遇。其实，这机遇真的是天赐的吗？

不是的，其实年轻人的每一个让人惊叹的决定，都是他对迎接机遇的准备，都是他的先见之明。机遇只会垂青有准备的人，年轻人之所以成功，不是因为他特别幸运，而是因为他特别前瞻，特别懂得抓住机遇。

在生活中，我们也要学会抓住机遇。身处社会的庞杂环境中，无可避免地需要和各种人打交道。因此，机遇来临之前，我们要善于对人际关系状况进行全面分析，对自己的前程进行准确定位。我们在准备的过程中会和什么样的人交往；其中哪些人将对我们的人生发展起到重要作用；我们应该朝什么方向努力，在哪些重点上侧重发力，在什么范畴上加强经营；这些都需要我们有善于观察、善于总结的品行，同时也是我们为迎接机遇所做的最佳准备。

北大行动指南：

1. 明确自己的定位，善于武装自己

要抓住机遇，我们就要懂得武装自己。首先，要明确自己的定位，了解自己的优势，这是判断处境优劣势的大前提。倘若在自己发挥所长的工作环境中处于落后的状态，那么，你急需要做的就是倾尽全力、急起直追。但，倘若在非自己专业范畴的工作环境中落后，那么，你有两个方向，要么将勤补拙，刻苦攻下工作领域的相关业务知识，提高技能水平；要么闭门造车，自我提升，充分利用空余时间进修自己感兴趣的专业范畴，另谋出路。

我们知道，十根手指有长短，我们做人做事不可能面面俱到，很多人会感慨自己努力奋斗了一辈子仍然碌碌无为，很可能是因为他在一个不属于自己的世界中作战。打个比方说，一名精通战术的武将，偏偏当了文官，他就不能怪自己缺乏升迁的机会，因为在非专业、不擅长的领域中，他根本就没法将自己的能力发挥得淋漓尽致。同样的道理，我们的人生也是一样的，我们要想抓住机遇，得有十分充足的准备。想要有充足的力量去借助机遇腾飞，我们就要学会去做自己擅长的事，不要在不适合自己的领域中"误入歧途"。

2. 等待机会的过程可能很漫长，你得有恒心

机会，看似从天而降，其实也是一种蓄势待发的过程。只有当你练就出一双敏锐的眼睛，深入到某个领域中潜伏了一段或长或短的时间，对领域知识有深入透彻的了解，你才有可能拥有一双发现机遇的眼睛，才有可能抓住机遇。

而这个过程是漫长的，是一种自我锤炼的过程。因此，我们要做到锲而不舍，打持久战，拼到最后，才能扭转落后局势，保证自身有充足的条件迎接机会。所以，不论你是否在自己的优势领域中，亦不论你处于领先、落后等何种状态，锲而不舍都是你成功扭转局面的重点。著名华人富商从做胶花的小工人跃身成地产大亨，靠的不是天赋异禀的商场智慧，反而是锲而不舍的精神。世界上只有一种失败，那就是半途而废，在追求让你满足的梦想的同时，遇到各种挑战与绊脚石，这是坚持与否的分岔口，选择坚持下去，静静等待机会的降临，你的人生将会因此而变得妙不可言。

北大思考题：

一次，北大教授问了学生们一道题：在一间房子里，有油灯、暖炉以及壁炉。现在，想要将三个器具点燃，可是你只有一根火柴，请问首先应该点哪一样呢？

有的同学回答油灯，有的同学回答暖炉，有的同学回答壁炉。

如果是你，你会怎么选择？

其实，中国有句古话：工欲善其事，必先利其器。要想点燃照明或取暖工具，其实首先要点燃的应该是火柴，有了火柴，才能点燃壁炉、油灯或者暖炉啊。

北大教授问学生这道问题，是希望让学生们明白，凡事预则立，不预则废。做任何事情之前，一定要有所准备，如果你想拥抱机遇，首先就要从自身准备做好，只有准备好了，机遇才有可能降临到你的头上。

机会来了，要斩钉截铁不犹豫

北大箴言：

老夫年过八十，明知寡不敌众，自当单身匹马，出来应战，直到战死为止，决不向专以压制不以理说服的那种批判者们投降。

——马寅初

人虽然不能在短时间内改变自己的"强弱"度，但是，聪明人却可以通过示强或示弱的方式来使自己处于更加有利的位置。尤其是北大的学生，这招他们运用得非常好。

在占据绝对优势的时候，示强可以起到震慑对方、事半功倍的效果。比如万兽之王老虎，它是动物界的王者，遇到猎物的时候，它会充分发挥自身的优势，咆哮、追逐、撕咬，将猎物收入囊中。甚至有的猎物不具备反击能力和快速逃跑技能，便会直接愣在原地，颤抖着等着被老虎吃掉。但是，当老虎面对庞然大物或者狮子、猎豹等河水不犯井水的生物时，示强则不是上策，相反，老虎会摆出各不相干的姿态，甚至示弱。尤其在争夺地盘的时候，遇上成群的狮子或者猎豹，老虎没有十足的把握，绝不会轻举妄动，只会静候时机，等待一击即中。

由此可见，抓住机会，做个随时能张开双手环抱机遇的人，是多么重要的一件事。

"机会"是稍纵即逝的，同时也是相对存在的，基于每个人的优势和特点各异，有的机会对别人来讲是助跑领先的加速器，而对你则不然；同样，有的机会对你来讲，是千载难逢的好时机，对别人而言可能根本不值一提。因此，对于机遇的把握取决于你对自身的了解度及职业规划的明朗度。为什北大走出来的人最终成功者众多？最关键的一点就是他们善于抓住机会。

从没见过哪个北大人在机会面前犹豫，因为这是他们大学生涯中几乎每天都被灌输的信念。

当然，这里并非强调"机会主义"，而是强调处于劣势的你，更加应该从别人的领先中吸取动力，未雨绸缪，装备自己，随时准备伸手抓住属于自己的机遇。一旦遇到机会，我们要斩钉截铁，毫不犹豫，千万不要因为自己杞人忧天的思虑而错失难能可贵的机遇。

刘晓菲、张诺辉和魏军是同一个办公室的三个员工。刘晓菲是年轻有朝气、踏实认真的男孩；张诺辉是高效利索的女孩；而魏军则稍微年长，是北京大学经济系毕业的高才生。

刘晓菲总是给人非常认真的感觉，一天到晚精力无限地四处奔走，除了勤勤恳恳地完成自己的工作，还乐意给大家担待，一时间领导都非常喜欢他。直到有一次，领导交付一个独立任务给刘晓菲，让他做好明年的部门开支预算计划。刘晓菲便遍寻资料，到处跑，打交道，最后交了一份预算表给领导。

领导看了一下，说预算表不错，但是却毫无惊喜。无疑，刘晓菲是很用心，找回了过去几年的预算计划，一一核对，完整无缺地将前几年的预算表按照物价膨胀的市场比例，算出了最新近的预算金额。但是领导不是很满意，因为他认为刘晓菲期间只是参考了资料，下了苦功，却没有任何创新意识在里头。

相反，随着社会的不断发展，职业能力要求不断提高，"高执行力"、"高效率"才是取代"实干"的最好门路。要建立高执行力，就必须树立起强烈的责任意识和进取心态，先把自身得过且过、不求上进的心态全部扔掉；把工作目标设得更高一点，再高一点；把精神状态从敷衍了事朝积极进取的方向调整；将对自己的工作要求，从顺利完成向出色完成做出最大限度的调整；让自己整体从优秀到出色，从出色到无可比拟；这才是展示自己的最佳方法。

要知道，决心有多大，执行力就有多高；执行力有多高，就决定了自身的发展有多高。

由于刘晓菲的预算计划不是很合领导的心意，而且耗时将近大半个月，眼下剩余的时间不多了，领导想着继续让刘晓菲修改也未必能有很好的效果，于是便找来了张诺辉，让张诺辉从头到尾重新做出一份来年的预算计划，其间讲出了一点领导觉得可以注意的点。

结果预算计划下去不到三天，张诺辉就把一个全新的版本交给了领导。领导一看都震惊了，没想到张诺辉做事这么利索。不过领导开心得有点早了，看了预算计划，虽然已经有所改良，张诺辉做事的高效快捷也让领导十分满意，有紧急任务可以托付给张诺辉，但领导还是不满意。那就是，还是没有任何惊喜。

不过领导还是赞扬了张诺辉，因为他的高效率，无须像刘晓菲那样耗费太多时间，有时候在不必要的情况下，做太多踏实的无用功，实际上就浪费了完成任务的时间，无意中拖慢了工作的进度。

张诺辉那样快速完成，因为他要考虑的事情很多，要找的资料也很多。不过再怎么累，也不至于像刘晓菲那样，一下子要耗大半个月。

魏军将计划书交给领导花了大概10天左右的时间，领导一看就非常满意，因为魏军加入了员工培训、拓展等一些人性化互动环节的计划和经费，证明他真是在替部门的运作思考问题。而且，更出彩的是，魏军向领导汇报了工作进度、困难以及解决方法。魏军向领导明讲，说这些互动计划由于在行业内先例不多，因此在设置预算计划的时候，参考了什么相关行业的标准等等。

不用多说，领导自然是对魏军最满意，因为他不光懂得工作，更懂得高效工作；不光懂得高效工作，更加懂得适当总结和表现自己，是个成熟员工应有的表现。

所谓抓住时机表现自己，就是有机会让人家对你有很深印象的时候，一定要尝试开口，不要讲过于实在的可行性操作，也不要讲过于肤浅的表面客套话。这样，当领导有重要的工作的时候，第一个就会想到你；一旦你有很多机会去扮演很重要角色的时候，就有一个平台去表现，能力才能充分展现。不去表现，就不会有人发现你的好，就不会有人知道你。一个员工在一个公司里面,绝对不能死命干活到下班,然后招呼都不打,也不让别人知道你做了什么,就悄悄然走了。应该想尽办法多认识一些人,表现出你对事情的深入看法,那样人家才会对你留下深刻印象,才能明白你有在干活,并且干好了活。

北大行动指南:

1. 有目标,才能勇于接受机遇

要抓住机遇,练就发现机遇的眼睛,你首先要有奋斗目标和人生计划,给自己设定一个重点,然后一步一步向重点迈进。不信你去问任何一个北大的学生,看看他们有没有具体的人生目标。相信从走入北大的那天起,这些天之骄子心中便有了一个清晰的目标,那就是成功。随之而来的是无数具体的目标,为此,他们努力寻找机会、创造机会,而绝不放过任何一次机会。

2. 不想错过机遇,就要懂得适当示弱

"机会"对于每个人而言都是可贵的,大家必然都希望借助机会实现质的飞跃,未免在争夺机遇的过程中被排斥、被孤立。我们要懂得要一点含蓄的小心机,那就是在平时要低调一点,懂得遇强示弱,让自己拥有相对安全和有利的发展环境。

示弱,是指在生活上遇到比自己实力强的对手时,不要一味用尽全力与之抗衡,虽然硬碰硬有机会将对方击倒,但是难免会造成两败俱伤的局面,使自身实力受到消耗。即便是北京大学的天之骄子,在遇到强劲的对手时也会适当示弱,用以化解对方的戒心。从生存之道上讲,这种示弱方式是一种以退为进的方式,能够将困难化解,避免不必要的实力消耗。

所以,我们要做到遇强时适当示弱,遇弱时也不咄咄逼人,凡事留个底线,为我们的腾飞营造出相对和谐的环境,从而使我们有更好的客观条件抓住机遇,借势腾飞。

北大思考题:

一位老教授问了学生一道问题:一个人从一个50米高的大厦上跳楼自杀,

重重摔在了地上，为什么没被摔死？

学生的回答五花八门，教授揭开谜底说：因为这个人在半空就已经被吓死了。

学生们听后哈哈大笑，以为教授在闹着玩。

当然，教授绝对不是闹着玩的，而是希望告诉大家，很多时候，你想要做一件事情，在你还没下定决心之前，可能就已经错过时间了。哪怕是自杀，你以为自己能摔死，摔得个稀巴烂，其实，很可能连这个机会都没有，你在半空就已经吓死了。

因此，一旦你决定做一件事情，一旦你接受到任何有助于自己成长或者值得一试的机遇时，别顾虑太多，做了再说。

选择比坚持重要,不要盲目执着

北大箴言:

小时候起,我们就受到"失败是成功之母"的教育。对于一个正处于兴旺时期的高新技术企业,则要警惕"成功是失败之母":今天的巨大成功中常常隐藏着潜在危机,也即未来的"失败之母"。

——何其芳

每个人都可以想象自己未来的样子,你可以是万人羡慕的打工天王,可以是一位导演或者歌手,可以是大型公司的行政总监,可以是一位自由职业者,甚至是拥有名贵跑车的钻石王老五。要变成怎么样,你都可以想象。

但是想象和真实之间有一道巨大的鸿沟,有的人能将自己的想象变成现实,有的人则一辈子发着这样的白日梦,其根本区别是个人的努力,以及对工作和生活的欲望程度不同。

北大人是一群对工作和生活拥有强烈欲望的人,因此会拼尽全力投身工作,他们热爱工作,以工作为踏脚石,努力实践自己想要的人生;相反,欲望平平,或者斗志不足的人,工作敷衍以对,努力逐年递减,因此他的梦想永远是个梦。

差距从此刻便显现出来,而其中的原因就在于选择。选择比坚持更重要,如果我们在错误的道路上盲目坚持,就永远都没有办法到达我们想到的地方。这就是人生,条条大路通罗马,不过,总要选择适合自己的路才是最完美的。

因此,当你在不懈努力的方向上盲目用功时,不妨给自己一个改变。如果觉得在单位的工作很枯燥，缺乏上升空间，试试背着包走走，试试从事自己从未接触但是心驰神往的领域，也许你会得到更多。

魏岚从北京大学文学系毕业后，到了南京找工作。一开始，魏岚并没有将自己定位得多高，便到了一家500强企业里当办公室干事。其实当办公室职员相对而言很轻松，环境不错，收入也很稳定。但是，魏岚觉得整天坐在办公室里不停重复那些枯燥无味的工作太乏味了，于是毅然决定辞职，转到了一家家电连锁经营商那里做起了中央空调和暖气的销售业务。

刚开始，很多朋友都不看好魏岚的销售工作，因为目前销售行业对销售员的学历要求其实并不高，基本上只要识字、有口才，不管是高中生还是大专毕业生都能胜任。大家觉得魏岚这样是大材小用，认为像他这样的高才生一定会眼高手低，受不住销售那块儿的心理压力，既会受到客户的微词，又要面对业绩压力。可是，魏岚却干得很有滋味。因为他明白自己的资源和了解自己的外语水平。再者，魏岚还凭借个人的学业知识和底蕴，又拉到了深圳最高学府的空调单子。顿时间，魏岚的业绩神话在行业内炸开了锅，大家都奇怪他是怎么做到的。魏岚便给大家说了他的第一次推销的经历。他说第一次跟外企采购部高层接触的时候，被对方打发了三次，最后魏岚在停车场等到了高层。高层说："你知道我一天要应酬多少个像你们这样的业务员吗？"魏岚并没有脸红，反而向前一步，挺起胸膛向对方介绍了自己，"我知道你一定要见很多业务员，但我保证，我绝对是你见过的学历最高、准备最足的一位业务员。"魏岚说完之后，不少同事不明白其中的深意。魏岚继续解释道："行业本身并不具备不可取替性，所谓不可取代的，只有个人罢了。如果你懂得运用自己的优势，在行业内发挥所长，你就会有不可取替性。"

另一个例子，王梅梅大学毕业后一直留在学校教务科做事，一直做了5年，到了27岁的时候，她一心想着要翻盘，于是便渔翁撒网似的朝国内各大高等学府投简历，仗着几年的教务经验，一心相信跳槽不难。果真，两个月后，王梅梅便转到了珠三角一所联合学校。由于王梅梅是中国文学和教育学双学士，一心想着到二线城市的院校能起码考个中文系助教讲师的位置，做起自己喜欢的文学类的工作。但是很无奈，联合学校也只能安排她继续留在教务处的岗位上,因为讲师等职位必须硕士、博士以上的学位才能符合。王梅梅心想,忍一忍吧,等自己进修到了硕士学位再说。可是,接下来的工作可一点都不轻松,情况和之前工作的学校一样,既繁重又沉闷,偶尔晚上时间松动一点,可自己已经筋疲力尽了,深造、自修更是无从谈起。于是就这样,王梅梅又在联合学校待了两年。今年她已经29岁了,眼看着自己年纪不小了,事业毫无成就可言,考研究生的机会渺茫,转岗的机会又没有。千愁万绪的她毅然辞职,到了广西,游走在北海和玉林等三线城市间,准备当个自由撰稿人。可是,在中国当自由撰稿人谈何容易,刚开始王梅梅只能靠自己的积蓄过活,兼给几家杂志社投稿,生活安逸程度大不如前,可是她却很快乐。就这样熬过了一年,她的文笔终究被海南一家官方杂志社相中,转到了三亚定居。她每天利用特别多的时间到生活中去享受和体验,凭着还不错的稿费过起了自己想要过的撰稿生活。

诚如魏岚和王梅梅的人生,很多人从高等学府毕业出来之后,总是急于找一份自己适合的工作,过自己渴望过的生活。不过,人生不会尽如人意,你可能会在一定时间过去后发现这种工作和生活并不适合自己。

越是这个时候,我们越要冷静,要明确地问自己到底想要什么。如果目前厌倦的并不是自己想要的,那么你要学会放手,学会在另一个方向上重新开始。时刻要谨记:选择,在很多时候比盲目坚持要重要得多。

北大行动指南:

1. 尊重自己的感觉,不要过分强迫自己坚持

如果你的身心出现了"不想继续"的感觉,可能正是你的欲望得不到满足的信号。一旦出现了这种状况,不要怕,尽管接受它,并对症下药,寻找新的出路。

坚持的硬需求是一样的,但是不想继续坚持的理由却各式各样,有的是因为身心累了,想停下来歇歇;有的是希望有新的突破、新的改变;有的则是渴望每天窝在家,连事儿都不用做。这些表征上的小小不乐意倒是无伤大雅,但是一旦出现了创造力受损、对工作内容失去兴趣、无法在工作中获取

进步等的心理压抑,那么,你就真的是不想继续坚持了。

我们之所以要工作,除了为了谋生,更重要的是希望体现个人的价值。一旦在一成不变的岗位上周而复始地进行特定而单调的工种,如果缺乏适当的调整或者深造的话,容易使我们的创意逐渐消退。此时,我们就需要另辟蹊径,在同一个岗位上寻求新的突破,甚至考虑转换岗位或者行业。

2. 选择不一定都是大刀阔斧的,要注重细节的改变

正所谓"泰山不拒细壤,故能成其高;江河不择细流,故能就其深"。泰山之所以能够高耸入云,是因为它不抗拒微不足道的细小沙粒,沙粒日积月累造就了泰山的高耸云端;江河之所以能浩浩荡荡,是因为它从不抗拒细微的溪流,百江汇流、积小成多形成了江河深不见底的广阔深邃。每一个人都希望自己能成为高耸的泰山,或希望自己的事业能像江海万丈一样延绵不断。其实,在人生的长河中,真正能做到泰山北斗、百川汇流的人不多。但是,这不是时也命也,也不是什么天命定数,而是在乎我们的努力。平凡人和成功人士的一个很不同的区别在于,成功的人会将生活中的每一颗沙粒捡起,每一滴水留住,以此来打造自己的伟业;但是平凡人都将生活中的沙粒和滴水忽视了。

这里所说的"沙粒"和"滴水",就是我们工作生活中的"细节"。只有真正注重细节的人,才能体会细节决定成败的含义,才会有细节制胜、水到渠成的快感。忽视细节的人,注定和成功失之交臂。

北大思考题:

北大教授给学生们讲了一个故事:老李买了一只狗和一篮子骨头。他休息时,用一根5米的绳子将狗拴在路边树上,将骨头放在离狗8米的地方,但过了一会儿,他发现骨头被狗叼走了,你知道为什么吗?

答案很简单,因为狗在树的另一端,骨头在这一端时,它们相距8米,可是,如果狗自己拐个弯,就能直接吃到骨头了。

教授想告诉学生们,很多时候,人是朝着目标进发的,不是朝着既定的距离和道路进发。如果你觉得你距离目标越来越远,不妨给自己绕一个弯。

第九章 抓住机遇，北大教你定方向

机遇伴随着偶然性，关键在于"渔翁撒网"结善缘

北大箴言：

> 殊不知有健全之身体，始有健全之精神；若身体柔弱，则思想精神何由发达？或曰，非困苦其身体，则精神不能自由。然所谓困苦者，乃锻炼之谓，非使之柔弱以自苦也。
>
> ——蔡元培

"不想当将军的士兵不是好士兵"，这句话用在人生上也是一样的。作为一名在生活中勤勤恳恳的人，所期望的不过就是两个方面：要么另起炉灶，自立门户，画地为王；要么成为别人眼中的悍将、重臣。但是，创业对于个人来讲，现实基础要求很高，并不是每个人都能做到的。所以，作为底层打拼的一员，眼下最现实的目标莫过于培育自己各方面的能量，成为中坚分子，这样才能迅速拉拢人脉，积聚资本，为以后的发展打下坚实的基础。

可是，要成为中坚、成为悍将并不是一件容易的事情，要想受到别人的重视，更加要付出无数的汗水，交往技巧也必不可少。有些朋友也许会天真地认为有能力、有才华、有技能就能成为良将之才。其实不然，好马还需好伯乐，我们不能只着眼于个人能力的提升，还需要学会狠抓机遇。

小李和小张是同一个办公室的同事，小李一向爱好运动，曾经多次劝小张和他一起出去骑骑自行车或者跑跑步，健康身心。小张从来不听，还认为小李在浪费时间，觉得有时间应该用以提升自己的专业技能或者用在交际场合上，结识不同的名人。但是小李抱着不那么功利的心态，还是决定加入自行车协会，经常参与活动。

活动中，大家都不提及工作，也不讲身份，单单就活动的内容或者行车

路径、骑完之后的畅快进行讨论。有一天，协会开展了两人一组的越野赛，小李抽到与另外一个中年伙伴一起搭档参赛，大家都全力以赴。但是在过程中，小李的搭档由于用力过猛，小腿肌肉抽筋，小李用尽一切办法帮助搭档。搭档劝小李不用管自己，继续完成赛事。小李坚决不肯，坚持要陪伴队友等待救护车。小李说："搭档，是不可以抛弃的！"中年人很感动。

到了医院之后，小李吓坏了，五六台名车闻声而至，个个利索大方。原来，中年人是市内第一财团的董事长。小李本想着救人就算了，没打算要如何，于是便不等和中年人打招呼，就悄悄走了。

隔了几天，中年人打电话给小李，想请小李到他的集团做事，直言欣赏小李绝不抛弃同伴的思维。

小李就这么升迁了，成了大集团里头的总经理，和中年人继续搭档。

小李和小张的分别，或许不在于工作能力，而在于是否能抓住机遇。这里要强调的是，我们在生活中，需要营造一个广阔良好的人际关系网，这样才能扩大我们得到各种机遇的概率。不要指望窝在家中，就有人专门打电话来给你奉送机遇，那只可能是推销电话而已。

范长江是中国新闻界一个响当当的名号。在抗日风火中，他是第一个正式以新闻记者身份挺进抗日大后方的人，成为了中国第一位"战地记者"。

很多人可能会怀疑，为什么范长江的触觉如此敏锐，志向如此高远？其实，他年幼的时候也是一个普通的读书人，但是他却善于在当时变幻莫测的社会发展中抓紧机遇。

年少的时候，范长江报考黄埔军校未被录取，便进入了中法大学重庆分校学习。当时中法学校是共产党员吴玉章创办的，用作宣传马列主义、培养革命骨干的学校。阴差阳错的选择让范长江接触到了革命思维，于是他吸收了反帝国主义、反封建军阀的思想，树立起了革命思维。

1932年，范长江成功考入北大哲学系进行学习。在北大宽广的知识海洋中，他广泛学习哲学、政治、外语及经济等多方面的知识，透过知识的摄取以及对社会时局的分析，范长江明白了，要救国，要拯救民族，单纯靠"书中自有黄金屋"的思维是不够的，必须要实实在在地投入到实践中去。于是，

第九章 抓住机遇，北大教你定方向

他开始为《世界日报》《晨报》等报刊撰稿。这次尝试为范长江争取到了机遇，他的文笔被《大公报》的总经理看中了。当时，《大公报》是在全国非常具备影响力的报纸，范长江得到《大公报》的垂青，事业有了新的发展。

直到抗日战争爆发之前，范长江一直安于本分地当一名称职的记者。不过抗日战争打响后，范长江凭着一名优秀记者敏锐的触觉，分析出中国的对手是岛国日本。如果双方对战，沿海地区必然会首当其冲，那么，抗战的大后方必然会定在西北、西南等片区。于是，他别具前瞻性地舍弃了沿海战事报道，转战西南、西北等地区，对这些地方进行详细的考察，历时十个月，行程六千多里，真实地记录了红军万里长征的真实情况。由于范长江的客观报道，他的通讯作品一发表便引起了很大的反响。他将这些通讯稿汇编成《中国的西北角》，读者们纷纷疯抢。这成为了范长江的成名之作。

又如，在西安事变爆发的时候，全国各地的记者都知道这将是一件影响中国命脉的大事，不过动身前往西安的人不多。而范长江却勇当先行者，他毅然决定冒险到西安、延安等地进行采访。终于，历尽千辛万苦，他顶着风雪到达了西安。此行，范长江不仅报道了西安事变的真相，还向全国人民清晰地表达了共产党所倡议的抗日民族统一战线的主张，一石激起千层浪，在全国范围内引发强烈反响。

当然，我们可以刻薄地认为抗日战事为范长江提供了良好的机遇，但之所以能抓住这个机遇，还得赞扬范长江敏锐、前瞻的眼光和思维。

正如我们生活中那些总是和我们擦身而过的机遇一样，每个都是伴随着偶然性的。有时候你会觉得机会根本无迹可寻。不过，虽然我们不能制造机遇，但是却可以创造更多能孕育机遇的条件，比如，在生活中，练就自己的前瞻性，从多方面看问题，学会拓宽自己的人脉交际圈，结交更多的朋友等等，这都有机会提升我们获取机遇垂青的概率。

北大行动指南：

1. 给你无限限制，有时候也是表现的好机会

很多人以为，机会就等于让你有咸鱼翻身的机遇，让你有与别人不同的发展。这样理解机会，其实不大准确，机会不一定能让你一夜成名、一朝暴富。很多时候，机遇更多的是让你从限制中、从原有的基础上，突破自己，展现实力，让我们有发挥自己能力的舞台。

有一位著名的舞蹈家曾经说过，在一个大广场或者毫无拘束的前提下跳舞的人，不是真正好的舞者。真正好的舞者是能够在身上缠满枷锁、画地为牢的情况下，依然能够跳出优美舞姿的人。同样，我们要成为别人眼中的成功者，也要学会"画地为牢"，少要求。意思是，不要在工作的时候给别人提太多的配合条件，要懂得在没有大支援的前提下，在限制繁多的基础上顺利完成任务，才能算是强者。

2. 扩宽自己的人际网络，是至关重要的一条

西方曾经有位著名的理论家说过："人生在世，最重要的不是你有多大的本领，懂得多少的知识，最重要的是你都结识了什么人。"

在我们的交友圈或人际网中，会存在形形色色的人，就像翻开手机通讯录和名片夹，总是有洋洋洒洒几百个"朋友"的人名，却少有人会对名片或者通信方式进行有效的分类。我们想要在人脉网上有突破，得到更多机会的话，就要不断地认识那些能够改变和帮助自己事业的人，这样才能有机会构建有效的人脉资源库。

在这个过程中，有一个重要的要求——学会筛选。因为在任何场合和交际场所中，我们都有可能接触到不同的人，但是谁才是对自己事业至关重要的关键性人物呢？这要求我们在明晰自身发展前景的前提下，认真进行筛选。一般来讲，和自己个人事业和工作内容直接对口的高端人士，是我们最容易辨析和接近的重要人物；此外，对于跨领域的人物，我们可以从其工作职位和个人特质两个方面结合分析。职位高，是能力强的直接表现，但是有一些人虽然目前的职位不算高，影响力也不大，但是从他的言行举止中，你能明显感受到他不断上进的特质，那么这种人也是"潜质股"。在他还在低处的时候接触他，和他交好，则有"识于微时"的功效，有助于自己今后的发展。

第九章 抓住机遇,北大教你定方向

北大思考题:

一位退休的北大老教授问自己的儿子:小明是个近视眼,也是个出名的馋小子,在他面前放一堆书,书后放一个苹果,你说他会先看什么?

儿子想了想,说那应该是书,因为苹果放在书的后面。

儿子以为自己的回答很聪明,不过老教授笑了笑说:其实,他什么都看不到。

为什么?

因为他是近视眼嘛。

教授希望告诉儿子,很多时候,生活就像是小明看苹果,因为自己是近视眼,所以很多事情都看不清楚,摸不透彻。那要怎么办?

关键是,我们需要给自己"戴眼镜",借助别人的力量,才能让我们把事物看得更加清晰。

随时反省自己，不让机会"擦肩而过"

北大箴言：

既靠天，也靠地，还靠自己。

——俞敏洪

反省是我们每天都要做的功课之一，你需要反省一下自己的工作态度：对于今天的工作，自己是不是有偷懒行为？有没有尽自己最大的努力？有没有出现浪费时间的情况？你需要反省一下自己的做事方法：今天自己所做的事情，其处理是不是适当，如何做才可能会达到更好的效果？你需要反省一下你的工作进程：今天我到底做了多少事情，跟昨天相比，我有没有进步？今天我有没有完成我自己定下的目标？是否应该给自己提出更高的目标？最后你还应该反省自己的人际交往：今天我有没有说不恰当的话？有没有做有损他人利益的事情？某人为什么会对我不友好？

以上所说的这些，都需要我们去不断总结、不断反省。事实上，反省也属于学习能力的一种，而反省的过程也就是学习的过程。假如你能不断自我反省，并且努力地去寻求解决某些问题的办法，同时从中领悟到失败的教训及不完美的原因，并努力去纠正这些错误，那么你就可以在反省中清醒过来，从反省中明白真理，更可以在反省中让自己变得更加的聪明。

俞敏洪，是"新东方"的创始人，他在1980年考进北京大学西语系，本科毕业后一直留校任教。不过一次偶然的"机会"，一次自我反省，改变了他的一生，驱使他创办了新东方学校，也让他成为了20世纪影响中国的25位企业家之一。

第九章 抓住机遇，北大教你定方向

时光倒回俞敏洪年轻的入学初期，当时的俞敏洪和现在的俞敏洪大相径庭，他总是沉默寡言，言语并不精湛，别说外语，连普通话都说不好。在同学们心中，他就是一个落后的、典型的农村学生。按他自己的说法："北大五年，没有一个女孩子爱我。"这充分说明了他在朝气蓬勃的年华中是如何的寂寥和孤单。

不过，别人的冷嘲热讽并没有使他放弃自己，他明白自己的问题就是跟不上同学们的脚步，同学们所讨论的话题，他自己根本不懂，也从不涉及。于是，他反省了一下，觉得自己应该先充实自己，因此他每天都把时间花在学习上，阅读各种各样的书籍，从文学到哲学，从天文到地理。大量的阅读使他的学问有了很大的长进。

可是一波未平，一波又起，作为西语系的学生，俞敏洪的英语成绩烂得不像样。高考的时候，他的英语成绩还不赖，一到北大就被分到A班。可是在北大的四年，他的英语成绩却跟不上，一下子被调到堪称"语音语调及听力障碍班"的班级。

俞敏洪看到自己的成绩，开始自我思考，自己的前路和特长到底在哪里？

终于，他发现了，虽然自己成绩一般，可是总是比别人要努力得多。于是，好不容易熬到了毕业，他选择留校任教。在当时，俞敏洪觉得这是条不错的出路。不过，他根据自己的学习经验，觉得也许并不是每一个在北大学习外语的学生，外语就一定学习得很好。所以，年轻气盛的他凭借着自己留校任教的身份，在外面给学生补习，做培训。

这下子可激恼了北大校方，在知道这件事情之后，学校马上给了俞敏洪一个处分。这对俞敏洪而言是不幸的，起码在当时他是这么想的。不过，他好歹是北大学生，北大流行的精神是什么？那就是有本事就叛逆，不要墨守陈规。俞敏洪想，如果他顶住被处分的压力，抓破脸皮地留在北大，最多就是当个副教授。因为以他本科学士学位毕业的水平，当个教授是不大可能的，然后就是一辈子安稳地、安分守己地待在燕园中。

不过，这是他所想要的吗？这是不是他的北大精神呢？俞敏洪认真地审视了自己的处境以及自己的理想，于是他决定破釜沉舟，孤注一掷，直接辞职，离开北大，另立炉灶。

做决定需要很大的决心，也需要很大的努力。他通过培训发现，如果能创办一所私办的语言学校，专门给人做语言培训似乎也不错。于是他便费尽心力去疏通，终于在1993年成功获得了开办私人学校的许可证，开设了北京首家新东方学校。

其后，新东方的强劲气势我们不用多说，大家也都知道了。俞敏洪因此成为了中国首屈一指的英语教父，而凭借新东方，他也成就了自己不一样的人生。

人生总是如此，在你不经意的时候，上帝喜欢和你开玩笑。在你身处逆境的时候，上帝或许会给你投下一颗糖果；在你身处顺境的时候，他很可能恶作剧地扔你一枚炸弹。就像俞敏洪的经历一样，跌宕起伏，总是始料不及。不过，无论是糖果还是炸弹，是机会还是挑战，能否战胜命运，就要看我们自己的了。

因此，我们要学会自我反省、自我总结，让自己从不完美变得更加完美，从没有准备变成准备充足。只有这样，我们才能无论在顺流还是逆流中，都能看清自己的根底和路向，在人生漫长的道路上才不至于迷茫和迷失。

北大行动指南：

1. 发现自己的错误，让你更好地看清前路

假如自己做错了事情，应该懂得悔悟，更应该责备自己，因为悔悟及责备是敦促自己成长的原动力。如果你不知道反省自己的缺点及过失，更不知悔悟，那么你根本就没办法改进自己的工作。

善于反省是北大人的训诫，他们从自我反省中收获了更多。通过反省，他们的思路变得更清晰，判断变得更准确，同时还可以更理性地认识自己，这样才能时刻意识到自己的过失并进行改正。

北大人如此，普通人更应该这样。只有对自己进行全面的反省，我们才能真正地认识自己，不断地去完善自己。所以每天反省是每个人都必须要做的功课。通过经常反省，你才可能意识到自己的错误，才能够将过失及错误扼杀在萌芽状态。

2. 正视自己的不足，善于自省

勇敢地面对自己，正视自己的不足，对自己的行为进行适当的反省，对那些不正确的想法、不理智的思维、不完美的事情进行反思，再及时对其进行纠正，才可能获得丰厚的收获；如果你自己开始疏忽，开始怠惰，那么你就很有可能放过那些本来就应该反省的错误，从而造成进一步错误的出现。

人无完人，如果北京大学的天之骄子都经常通过反省认识自身的不足，我们普通人需要改进的地方就更多了。

北大思考题：

女儿即将要上北大了，妈妈临别前问了女儿一个问题：当你吃苹果时，咬下一口……居然发现了一条虫，觉得好可怕；看到两条虫，也觉得好可怕；但看到几条虫，才让人觉得最可怕？

女儿机灵地回答道：见到半条虫最可怕，因为已经有半条被吃进了肚子里。

女儿的回答非常聪明，为人处世，任何外部事情都不是最可怕的。最可怕的是我们自己正在犯错误，或者已经犯错误而不知。这种情况是可怕的、可悲的。就像我们看到苹果里有一条虫子，可以警惕自己不要继续吃；可是，当我们发现苹果里面是半条虫子的时候，一切可能都为时已晚了。

所以说，要想取得更大的成就，我们就要学会不时反省，看看自己手中的苹果有没有虫子。

善待人生的分岔口，该回头时就回头

北大箴言：

有几分证据说几分话，想怎么收获就怎么栽。

——胡适

孔夫子曾经非常热衷于政治，希望以自身的睿智耳濡目染地影响当权者，成就一代文臣所梦想的志向。但是孔夫子的从政生涯并不得志，在外漂泊了14年后，他最终还是回到了家乡——鲁国。此时，他已经将近70岁的高龄。回想自己在外漂泊的岁月，也曾经被重用过，但终究感到不如意。回到家乡后，孔夫子终于有些看开了，这时的他说"饭疏食，饮水，曲肱而枕之，乐亦在其中矣。不义而富且贵，于我如浮云。"当有人问他为何不从政的问题时，他说他觉得教育工作才是自己的"老本行"。从此，孔子回归了"老本行"，专心做起了教育工作。

人，永远是不完美的，但是却一直在永不停息地追求更完美。起码，有追求更完美的意愿。在踏进生活时，有的人会因为失业或者急于找到工作而见路就走，遇桥就过；有的人会站在人生选择的分岔口，和拐弯道口相对，选择了一条看似康庄的大道，但却久久看不到终点。这些情况，都是我们所指的"人生弯路"。所谓人生弯路，简单说来，就是指我们没能找到适合自己个性和能力的工作，一直在弯道上兜圈子。

如何改变这种情况？我们要学会善待人生的分岔口。路不可以随便走，当然，哪怕是一不小心走错了，我们也要有心理准备，不是谁走错了一步永远回不了头。一旦发现自己走错了，勇敢一点，回过头来，重新起步就行了。

第九章 抓住机遇，北大教你定方向

梁政在北大建筑系毕业后，到政府城建局当了6年的高级合同制员工。在一次朋友聚会当中，他结识了一个当地的施工集团，对方邀请梁政和他一起开拓新疆的建筑市场。由于合同制员工待遇不怎么样，梁政又到了要成家立业的年纪，因此他很是心动，立马便答应了。

但是梁政虽然在建设局工作了好些年月，却不是建筑相关专业出来的，除了施工人员管理的范畴，他觉得自己在新单位使不上劲。尤其是，合作的朋友看中的是自己在政府单位工作过，擅长接待的优势，经常让梁政负责和当地的委托方或者政府部门打交道。梁政每天灯红酒绿，身心疲惫，而且在建筑公司内就像一个接待办的人员，上下级都没有太重视自己。梁政于是很泄气，后悔自己当初因为贪图个人创业和丰厚点的收入，而放弃了政府部门工作的那份安稳。但是已经跳了出来，想回到单位又不是那么容易，使得梁政后面时间的工作都非常消极，踌躇不前，有种前路茫茫的感觉。

李珊珊在北大毕业后，在大型护肤品牌担当宣传策划员。有一次她无意之中遇见了一个大型直销品牌的区域经理。对方给李珊珊做了不少思想工作，让她尝试兼职着帮忙销售这个直销品牌的护肤品。李珊珊觉得直销产品也算是个创业的小机会，加上这个品牌在全球都有名气，因此，李珊珊毅然辞掉了百货商场的工作，直接全身心地投入到这个直销品牌的营销当中。

可是，在经营的过程中，李珊珊才发现做直销产品不容易。虽然企业的理念和产品都很健康，但是随着不少传销产品的恶性竞争，很多人对这个全球知名的直销品牌也产生了抵触情绪，让李珊珊的工作开展得步履维艰。加上辞去了原来的固定工作，收入也没了保障，让李珊珊更加泄气，于是在尝试了三个月之后便消极地放弃了直销产品的工作，又重新回到了创意宣传的岗位上。

很多人都会有种感觉，如果我们在一个行业混了一段时间后，发现自己的优势和这个行业的要求并不契合，就要学会把握住回头的时机。一般而言，如果跳槽到一个新领域不到三个月就离开，会给后续雇主"没有毅力""不能吃苦"的印象。相反，如果明明知道自己不适合，却偏偏一直干等几年，想着坐等时机也是不适当的，因为那样会耗费你的光阴，消磨你的意志。因此，从时间上讲，如果你到了一个不适合的领域，坚持一年左右，积累了经验或者吸收了教训，在一年后离开，这样再回到原来的行业比较适合。

很多人为了入错行或者转错行而十分懊恼，其实，每个人都有抉择失误的时候。到了不适合的岗位，最恶劣的情况大概就是自己不大喜欢这个岗位的工作内容，或者嫌自己的优势得不到最大的发挥。但是在工作的过程中，再不适合，也是能学到知识、学到本领的。因此，我们要端正心态，既来之，则安之，学会享受工作带给我们的冲击和知识财富，不要一味抗拒，更加不要一门心思地逃避，要正面自己的选择，为自己的选择负责任，对自己的事业负责任。

北大行动指南：

1. 要有推倒重来的心理准备

当我们发现自己的能力无法在现今的生活和工作上得到发展，或者现在的工作无法满足自己的进取心，反而消磨了意志时，我们就必须给自己敲响警钟，好好停下来审视一下自己是否已经走上了弯路。一旦发现自己真的走上了弯路，人，会有两种选择，有的人会选择继续在弯路上走下去，这是一种"路是人走出来的"精神，这也没错，只是从成本效益上讲，在不断重复的弯路上走来走去而不见终点，不但消耗体力，还浪费时间，对个人的长远发展终究无益；另一种人，会决断一些，干脆调头回到起点，推倒重来，重新出发。

很多人会感慨，误入了弯路，不回头，离成功就越来越远；想回头，又有太多东西需要重新争取。其实，推倒重来并不那么可怕，因为我们现在重新捡起的，可能只是当时和我们擦身而过的，又或者是被我们曾经丢弃的而已。

2. 吃吃回头草也无妨

人生奋斗往往如此，不经一番彻骨寒，难得梅花扑鼻香。很多时候我们在选择之初，并不确定这个方向与我们自身的契合程度有多高。就像量体裁衣一样，哪怕是量身定做，都容易出现细微的不合身。何况，在起步初期，我们并没有条件对人生选择定出多高的标准。因此，不少人会出现吃回头草的现象。

吃回头草其实并不可怕，可以是回到原来丢弃过的梦想当中，可以是重回行业的抉择，甚至可以是回到原本的公司岗位上。只要你有充分的决心、充分的肯定，回头草吃对了就会毕生受用。

北大思考题：

教授在课堂上说了一个有趣的故事：一对侨居意大利的中国夫妇，有一天，太太到市场买鸡胸肉，因为她不懂意大利语，只好学鸡叫，再指指自己的胸部，想买鸡脚便指自己的脚。后来她想买香肠，却回家叫丈夫来，为什么？

大家都发散思维，从各个方面去想，后来，有学生回答出来了，那是因为她的丈夫懂意大利语。

不过，学生们都奇怪了，那为什么一开始，妻子不让自己的丈夫来把话说清楚，偏要自己胡乱做手语呢？

这就是教授想说的，很多时候，我们倔强地以为自己能够完成一件事情，可是坚持到最后，发现实力不足。这个时候应该怎么做？那就是回过头来，重新起步，或者寻找他人协作，不要胡乱坚持。

第十章
北大人生哲学课,懂得待人才能赢

有自信,才能结交良友,灵活处世

北大箴言:

所有的人都是凡人,但所有的人都不甘于平庸。我知道很多人是在绝望中来到了新东方,但你们一定要相信自己,只要艰苦努力,奋发进取,在绝望中也能寻找到希望,平凡的人生终将会发出耀眼的光芒。

——俞敏洪

有自信,是一个生活、学习乃至工作的根本。看过电视剧的人都知道,女主角身边总会有一两个缺乏自信、永远充当配角的角色。

我们甘愿一辈子充当配角吗?自然不!可是要想不当配角,我们就需要有强大的自信心。有自信的人容易在团队中体现出领导力和决断力,容易在朋友圈中更清晰地说出自己的想法,从而起到引导言论、树立中心的作用。

因此,交友就像我们做事一样,必须要有自信心。有自信的人能够在别人眼中闪闪发光,能够在表现自我的时候游刃有余,从而更好地吸引别人的注意力,成为受欢迎的人。同时,有自信的人,基于对自己判断力和应变能力的信任,能够更好地处理生活中所遇到的各种人际关系矛盾,还能有效帮助别人解决困难,从而练就自己灵活处世的能力。

在北大人的字典中,根本没有"配角"这个词,他们从考入北大的那一天起,自信心就已经爆棚。因此,在他们的人脉关系中,也都是些具备超强自信的成功者。我们普通人也该如此,想要更好地与人交往,结识更高质量的人脉,就一定要充满自信。

方达在职场上摸爬滚打了几年,但是一直毫无起色。在直属上司的帮助

第十章 北大人生哲学课，懂得待人才能赢

下，他有机会参加今年全市最大型的商会交流晚宴，出席的都是市内数一数二的企业家名流。上司希望方达多结识几个潜在客户，增加业绩，提升自己的能力。但是在宴会上，方达碍于面子踌躇不前，所以一直都是闷着气，站在角落中。猎物不少，却箭在弦上，不敢发射。就这样，方达错失了宴会的大部分时间，在吃吃喝喝和闲逛中，没结交到半个"朋友"。

到了尾声，宴会开始拍卖捐赠品，算是企业家对社会公益的一种回馈。方达一听就惊了，自己不是什么企业家，何德何能出价竞拍，便悄悄地走到一个角落中静看。突然，他在角落中发现了一位老人家。老人家衣着简朴，方达估计他大概不是什么名流，就以和平常人搭讪的心，便和老人家聊开了。老人家让他四处走动，结识下别的企业家，方达见老人家人好，便坦言自己害怕。老人家笑了笑，跟他说，40年前，他自己也是一个这么害羞、这么不善交际的年轻人。但是他最终学会了，因为他奋斗了半辈子才发现，只有技能而没有交际的人，是没前途的。所以，年轻人，要记住！

方达听后笑了笑，也没放心上。直到会场的聚光灯打到老人家身上，方达才知道原来他是市内的巨富，不禁回味老人家的话。方达的自信心开始逐渐加强，在接下来的交际场合中，他不断重复遇上老人家的故事，也利用了老人家的身份，让他更容易和想结交的人更近一步。

又是一次宴会上，方达再次碰上老人家，老人家笑了笑说："记住我了吧？"方达低头笑了笑，那次和老人家的偶然相遇，着实让他终身受用。

很多时候，人生就是这样，有自信，有人缘，一切就都有可能性。

刘慧慧从文学院毕业之后，一直找不到理想的工作，直到有一天，她重遇了自己的那位已经离职在外工作的大学老师，事业才有了转机。

由于刘慧慧的老师离开文学院之后，一直在某知名杂志社当总编，因此，刘慧慧厚着脸皮希望老师能够带她进入杂志社。当然，刘慧慧也是有能耐的人，于是老师便答应了她。进入杂志社之后，刘慧慧的工作出奇顺畅，写第一篇文章开始，要修改的地方便已经很少，而且还多次获得领导的赞扬。

她之所以成功是因为站在了老师这个巨人的肩膀之上。不但老师本人给了刘慧慧不少指导，而且杂志社因为老师的关系也给了她很多机会，让她多尝试、多发挥。她的个人能力日益见长，这就是站在巨人肩膀上的好处。

很多时候，拥有指明灯的人得到机会、获取成功的可能性，几乎是没有指明灯之人的两倍。一个指明灯性质的导师或者同事，又或者上司，可以帮你定位好自己的位置，让你更好地看清自己面前的路，因为他比你更加有经验，更加有业务水平和驾驭能力。从某种程度上讲，他能够让你的才能发挥得更加充分，甚至达到极致。因此，有这样的巨人在身边，我们只要稳定地向前走，往往比自己一个人闷头闷脑地在黑暗中摸索要容易得多。

不过，无论我们面对的是伯乐还是平凡人，必要的自信是不可少的。就像故事中的方达和刘慧慧那样，如果在遇见伯乐之后，他们依然缺乏自信，停步不前，那么无论别人如何指点，他们终究是不能成功的。

北大行动指南：

1. 交友过程中要表现出充足的自信心

在一件事情没有做之前，一定不要对自己丧失信心。结交朋友也一样，如果一开始你就被自己打败了，要想成功就难于上青天了。

所以，对于交友、交际圈的建立，有必胜的信念是成功的前提。即使失败了，也要告诉自己，这其实是另外一种方式的成功。只要有信心，失败了重头再来，终有一日，胜利会向你招手。成功的人首先要具备的就是这一点，要有必胜的信心。如果你自己都不信自己，还有谁会相信你呢？如果在做一件事情时，你自己首先就持了否定态度，试想，它怎么可能会成功？因为你的潜意识会告诉你，你会失败，所以就算是成功也是侥幸的，并不是常态。要想取得持续性胜利，你还需要在这个过程中不断总结，不断给自己加码。只有你自己先相信了，才会找出更多自信的理由，你所做的事情才会往成功的方向发展。

因此，在交友的过程中，我们不能因为一时尴尬或者迷茫而害怕。我们要明白，人和人之间的沟通交流是一个漫长的过程，一时半会儿的不成功不代表你永远无法建立起属于自己的圈子。

2. 不要相信宿命，自以为不受欢迎

从前，三只青蛙同时掉进了鲜奶桶里。第一只青蛙一动不动地坐在里面，它想一定会有人来救我,是神让我掉下来的,神也一定会救我上去。结果可想而知,这个世界上并没有神,所以它一直在里面,直到变成一具尸体。第二只青蛙在没有做任何努力情况下,只看到这个桶很深,悲观地认为自己这辈子不可能再跳得出去,于是绝望地等死,最后的结局也是可想而知的。而第三只青蛙并不认为有人会来救它,也不认为自己就一定必死无疑,它奋力自救,不住地弹跳。它相信自己一定可以成功地跳出去,最后的结局我们大家都知道了,它成功地跳出来了。那是因为在不断跳动的过程中,鲜奶被它搅拌成了奶油,它在奶油的帮助下跳了出来。

这个故事告诉我们,不要相信所谓的宿命,也不要在还没有努力的情况下就否定自身。我们要有必胜的信念,并采取正确的措施去解决当前的困境。和别人的交际也一样,很多人碍于羞涩或者性格问题,总会自卑,自惭形秽地觉得自己不受欢迎,永远无法瞩目。这样的想法是不对的。如果你甘愿一辈子成为不受欢迎的人,那么你就会成为鲜奶桶中的青蛙尸体;相反,如果你乐于改变自己,不断努力,相信今天的失败不代表明天不能成功,就终究有机会凭借自己的努力和主动打造出属于你的人脉圈。

北大思考题:

北大教授在课堂上问了大家一个问题:你们在宿舍生活中,有没有和同学们分享零食或者电视剧的观后感?

这个问题问得学生们云里雾里的,女同学相对男同学而言给出肯定答案的比较多,而男同学在零食交换和剧情分享上做得比较少。

人和人之间的关系本来就很玄妙,在生活上与你日日相对的人,既是你生活上的共存伙伴,又是学业上的竞争对手。在此前提之下,很多人对与别人分享的分寸会拿捏不准。如果将同学看成是竞争对手,和他分享自然是心不甘情不愿;但倘若将同学看成是俱荣俱损的好友,生活和工作上的分享又似乎必不可少。到底该如何拿捏?

其实,真诚地关怀与分享并不是一个虚伪的说法,只有付出我们的真诚去无私分享,无论面前的同学是对手还是合伙人,他们都会感受到我们的心意,反过来关怀我们。

学会借助他人的力量，善用人脉圈

北大箴言：

做人要有博大的胸襟，不矜己长，不攻人短

——袁行霈

"人脉关系"就是一种如此奇妙而难以言状的东西，没有定性的概念，也没有定量的权衡，只有效果的彰显。抓得住人际关系这一筹码，在日常工作中就能更加游刃有余，反之，则存在事事碰壁的可能。

既然"人脉关系"对于工作如此重要，那么到底该如何在工作、生存的博弈中开展自己的人脉圈呢？

所谓"先敬罗衣后敬人"，说的不单是日常交际中衣着等方面的讲究，更加侧重于"第一印象"。以良好的第一印象示人，会让你在对方的印象中加分增彩。以初次见面的交谈为例，时下不少在职场摸爬滚打了三五个寒暑的人们会自然地伪装出一副深谙世事、圆滑老道的脸相。这样，能够沟通和交流，但却达不到有效的沟通和交流。需知道，既然对方值得你去交际和处关系，那对方也不是吃荤的，你能装，他也能。如此下来，你自卫性地伪装自己，对方也保护性地收起真我，两者之间根本无法达到真实交往，来来去去，也只能在场面话上绕圈子。因此，想要留给对方良好的第一印象，首要的要求是：贵乎诚恳，不在乎演戏。多放下自身的"自我"，将别人的"自我"托上去，用真诚的态度聆听对方的话语，并以将心比心、设身处地的思维对对方的话做出思考，这样，才可能达到有效沟通的第一步。

小雨在北大硕士毕业后一直从事自由职业，都是替电视台出一下栏目脚

第十章 北大人生哲学课，懂得待人才能赢

本、写写杂志稿之类的工作。但是由于小雨没有正式踏足过职场，人脉有限，所以工作来得不容易，收入也很不稳定。在一次本科班聚会的过程中，有一个以前读本科时和小雨比较要好的同学在得悉小雨现在的工作性质后，就对小雨说："以前我们班上那个宣传委员小吴啊，现在可是在大型电影公司工作的，你倒是问问她看有没有什么卖稿子的渠道啊。"

小雨思前想后了很久，一来是觉得没面子：当时全班近百人，就只有小雨考上了北大，深造文学创造专业知识，现在到头来问硕士都没读的老同学要工作，好不好看啊？二来，小雨觉得她跟那位同学不是很熟，也害怕别人会推搪，怕吃"闭门羹"。

直到聚会那天，小雨都一直不敢开口。结果那位同学主动走向小雨，询问小雨的工作情况，小雨支吾以对。同学主动给小雨留下了名片，说公司很缺稿子，如果小雨不嫌弃稿费不高的话，还请多多联系。

小雨立马涨红了脸，原来朋友之间算计得没有那么多，是自己思虑过多了。于是小雨第二天便主动和同学沟通，结果几次下来，好几个合作项目都敲定了。小雨心里对那位同学非常感激，一直庆幸在自己没有踏出第一步的情况下，朋友主动给自己提供了帮助。

朋友圈中的资源是无穷无尽的，关键是我们有没有把这种资源转化为我们实际能够应用的能量。一旦穷朋友开始思考致富，充分发挥自己的资源优势，那么原本隐藏着的看不到的资源能量就会喷薄而出，成为现实中我们能够应用的能量。

北大行动指南：

1. 维系几个"爱"自己的死党

交际是一项技术活，在这里，我们姑且把"朋友"简单地划成最常见的两种：一种是自己的"死党"和"闺蜜"，他们和你的工作可能毫无关系，但是他们是你的玩伴，是陪伴你成长的关键挚友，这类朋友最大的价值在于能让你"尽诉心中情"，工作的苦水、生活的烦恼你都能和他们分享。另一种是同事间的朋友，虽然说职场如战场，但是在公司中，同事沦为朋友的情况也

是很常见的。这样的最大好处在于你在刀光剑影下血拼的时候，不至于孤身作战，这是一种友谊，也是一种唇齿相依的功利关系。在公司内有一层朋友关系打打底，干起活来也能得心应手很多。

所以说，对于朋友关系的维系，以上两种都是非常必要的。

我们所谓真正的朋友，不一定能和你有福同享，但是他们能做到和你有难同当。当你遇上烦恼的时候，帮你出谋划策的往往就是这些多天不联系的真朋友。但无奈的是，工作一旦忙碌起来，我们往往只看到和我们有利益关系的交际，把真朋友忽略了。这样无论对于我们的工作、生活还是心灵，都是可悲的。

2. 用高频沟通来开拓新的朋友圈

想要有效地拓阔人际关系网络，还得学会高频率沟通。所谓的高频率沟通，不是指答非所问、不知所云，而是针对沟通的频率而言。20世纪90年代美国著名投资机构规定，从业员与客户沟通的时间是一天三次。虽然放诸现今，这样的沟通频率可能遭受客户投诉，被列入黑名单，但此举在当时却成为了该投资机构的制胜奇招。通过高频率的接触，让对方了解到他在你心目中的位置和重要性，同时，亦能不断唤醒和更新对方对你的初始印象。哪怕在广告业务从业员多如牛毛的今天，仍然有这样的广告投放业务员，每天群发短信给相熟的客户，提醒对方天气变化、提供广告投放最新资讯以及特殊节日的祝福，在端午、中秋等重大节日，还会自掏腰包给熟客们递送应节食品。这就是人脉圈维护的重要一环，尝试比别人多一份心、多一份执着，也许你会收获更多。

北大思考题：

一次，教授见到一位男同学正在搬宿舍，物品很多，但是旁边几个同学有点熟视无睹，于是便上前问几位同学一个问题：如果你见到一个人正在搬桌子，你会上前帮忙吗？

有的人回答会，有的人回答说要先征询对方意见，而有的人选择袖手旁观。

其实，搬桌子等体力劳动是很简单直接的，但自扫门前雪的思维导致了很多时候，我们看到同学们在提着几大箱的文件或者拿着沉重的东西时，也因为助人为乐意识的淡薄而忽略了同学们的急切需求。

回答会帮忙的同学，自然是乐于助人，在生活中善于结交朋友的；回答要征询别人意见的，在交际中很重视对方的看法，以及对方对自己的看法，所以迈出交际的第一步需要很强大的动力和勇气；选择袖手旁观的同学，在交际中容易缺乏主动性。

教授对他们说，其实只要你伸出一双手，接过同学们的一些体力活，付出的是体力和时间，但是收获的却是别人对你的赞赏和感激。从经济学的角度上讲，这算是一桩本小利多的"生意"。因此，在日常生活中，教授希望大家不要吝惜自己的关爱，多帮助正在付出体力劳动的伙伴。

无论顺流逆流，都要谦逊待人

北大箴言：

对于学生的希望：一、自己尊重自己。二、化孤独为共同。三、对自己学问能力的切实了解。四、有计划运动。

——蔡元培

无论是多能干的人，都会有脑袋转不过来，或者忙得闲不下来思考的时候。很多时候，我们给别人最好的人情味，就是主动帮别人思考问题。比方说同事们在项目上遇到了困难，你是不是能主动为别人思考一下对应策略，以推进项目继续往下走呢？如果你有这样做的话，一定会得到同事的感激和好印象。

不过，在我们帮助别人的时候，一定要留心自己的一言一行，要以真诚的心去对待他人，不要用一副高高在上、救世主一般的架势去帮助别人。

因为，人生在世，别人今天遇到的麻烦，或者你明天也会遇到。只有在别人需要帮助的时候伸出援手，你才能在自己需要帮助的时候，向别人伸手。因此，无论我们是帮助别人的一方，还是求助于别人的一方，都要懂得谦逊待人，用真诚去给予。

张进和王伟是一对从小玩到大的好朋友，张进高考的时候考得不好，王伟却考上了北京大学，二人的生活圈开始渐渐出现了差距，王伟愈发觉得和张进的话题搭不上边。张进当时高中毕业后，只能到工地上工作，忙忙碌碌地生活。而王伟毕业后顺理成章地进入了好单位，做了一个人人羡慕的白领，二人开始久久不联系了。

有一次，王伟在一家餐馆外面碰上张进，张进身上还有工地的泥巴。见到多年不见的朋友，张进兴致盎然地冲上去和王伟打招呼。但王伟觉得跟一个工地的工人做朋友蛮丢脸的，尤其是在这种高级私人会所前，所以回应张进说："你认错人了吧?"张进一听，涨红了脸，失落地低下头。

王伟进入了餐馆，领导已经在了。趁着饭局开始前，领导跟王伟说要等一个大型建筑公司的老板，这次的主要任务就是拉活，希望能争取到这家建筑公司的承包商资格。王伟抖擞精神，准备应付即将到来的大公司老板。可是门一打开，进来的竟然是衣衫随意、裤脚上还有泥巴的张进。原来，张进在工地干了几年，由于忠诚勤劳，很快便成为了承建商，事业越做越大。王伟面对着曾经被自己嫌弃的朋友，完全抬不起头。

而张进却不计前嫌，说愿意把这次大型市建工程的项目承包给王伟他们公司，因为这是他朋友所在的公司，肥水不流外人田。

王伟的做法是短视的，而张进的做法则是宽容的。生活中，每个人都会有自己的境遇，有自己的机会。有的人在生活上打拼几年，发现自己和朋友之间的差距变大了，便一厢情愿地把别人从"朋友圈"中划出去，这样做不仅不符合"朋友"的定义，而且是鼠目寸光的。所谓社会有分工，地位各不同，每一个人的工作都是有价值的，哪怕他是一个维修水电的工人，在你半夜遇上电路短路问题的时候，这个水电工朋友说不准可以连夜前来帮你修理。所以说，对待朋友不要用标尺去量，每个朋友都有他的存在意义。只有把朋友圈维系好了，你才有立身之本，才能不断扩张人脉，发展好人缘。

北大行动指南：

1. 任何时候都不要恃才傲物，要善于结人际网

很多成功人士，往往不是靠专业能力等"硬件设备"而出人头地的人，更多的是善于利用人际网络、交际上如鱼得水的人。当然，凭着技能本事，只要真诚对待同事，尊重别人，也能创造出自我发展的良好空间。但是一旦在交际中缺乏了应有的EQ或者技巧，很多时候，专业性人才会给人自负、恃才傲物的错觉。此外，我们在工作环境中通常不缺乏以兴趣、爱好、同学、老乡等关系结成的一个个"小团体"。如果专业人才能够加入到这些小团体中,成为小团体的一员,就能将自身的人脉网无限延伸。可以说,在现今职场上,人脉广阔、知识面广、口碑良好,会相对于只是专业技能优越更加受领导的欢迎。

所以,无论在日常生活还是工作中,我们都不要过于彰显自身的才干,要懂得尊重别人,真诚地对待别人,不要在别人为难的时候踩别人一脚。要明白,帮助别人,除了能够获取赞誉之外,还能帮助我们编织出良好的人缘。相比前者,后者的建立更加重要。

2. 凡事留一线,日后好相见

中国自古有风水轮流转这么一说,所谓"山不转水转,水不转路转",意思是:"凡事不要做绝"。现在的很多人,尤其是年纪稍轻的年轻人,都会有一种能力高于一切的心态,有"我就是很好,不懂欣赏是你们不识货"一类的想法。其实,这是很不明智的做法,既是对人际关系的不负责,也是对自己的不负责。

因为,如果我们对人对事做绝了,等于断了自己的后路。今天的你可能一帆风顺,不过谁都有逆境的时候,如果在你一帆风顺的时候把事情做绝了,那么当你遇到麻烦的时候,任你脸皮多厚,回过头来找人帮忙,也很难要求每个人都能宽宏大量。

所以说,我们不要指望别人"大人不记小人过",最好的方法是在为人处世的过程中,事事留一线,给别人留一个好印象,给自己留一个好环境。

北大思考题:

北大教授曾经在课堂上问大家给别人起过的外号、昵称和小名,希望从中抽一个最可爱、最成功的昵称。

这个问题很有趣,大家都纷纷说出了自己给别人起过的最可爱、最得意之作的昵称等等。

你也给别人起过外号吗?

其实,教授是希望探寻同学们待人接物的心态。

给别人起昵称的次数越多，越代表你具备更强、更积极的交友心态。如果一般不给别人取昵称，总是以姓名代之，你则始终保持着和别人内心一定的距离感。

待人宽容，待己严谨

北大箴言：

成功后要做两件事：谦虚、助人

——张建君

人一生的道路不会一帆风顺，生活里，人人都会遇到令人痛心、受到伤害的事情，这些事情多多少少总会左右到你的情绪。自己的情绪我们尚可自我调节，却无法左右别人的不敬。当遇上这些事的时候，用宽厚心态待之的人，便会感到幸福；用凄惨心态处之的人，便会感到痛苦；若是用存有怨恨的思想去理解，更有可能伤及身体。

在这个充满竞争的时代，受伤害是在所难免的。如果不懂得宽以待人的道理，就会陷入冤冤相报的恶性循环之中。在北大人看来，这是非常愚蠢的，它会损害自己的人际关系，极大程度上阻碍奋斗的进程。所以，他们往往待人宽容，待己严谨。

在生活里，发生矛盾、出现种种失误与差错，都是不可避免的。如若你我不能相让，便会轻易地引发社会、工作甚至家庭方面的矛盾和争斗。常常揪住别人或自己的错误与失误，会让别人和自己加重心理负担，导致日后的正常工作、生活产生阴影。所以，要懂得宽容，在原谅了别人的同时，自己内心也将豁然开朗。

吴意纯和顾常辉是几乎同时进入同一部门的两名职场新人。吴意纯是个女生，毕业于北京大学，她心思缜密，为人谦逊有礼，经常能给领导提醒很多需要注意的事项。而顾常辉则毕业于另一所名牌大学，他是个能力过硬、技术很强的男职员，能很好地完成领导交付的工作。

吴意纯和顾常辉同处在技术部，但是吴意纯的技能水平稍微有点落后于顾常辉，只能勉强完成任务。但是顾常辉有个缺点，就是清高自傲，总是瞧不起其他技能较弱的同事，而且不乐意给同事们指点和帮忙，一直都是独来独往、我行我素。

有一次，因为技术部一个同事的失误，整个项目出现了纰漏，需要从头再来。出现失误的这位同事本身就已经十分抱歉，但是盛气凌人的顾常辉不仅没有安慰同事，反而明里暗里说这位同事是吊尾车，拖大家后腿，把这位同事的处境弄得十分尴尬。

和顾常辉不同的是，吴意纯得知情况之后，不仅没有责备同事的失误，反而主动提出加班加点，帮助同事修正错误，重头再来。当同事沮丧的时候，她还给予了同事支持和鼓励。

确实，哪个人能不犯错呢？在生活工作中，一个小小的差错可能会引发大问题，不过，如果这个纰漏不是有意而为之的话，同事之间多一点体谅，大家加个班也就过去了。其他同事在吴意纯的感染下，纷纷投入了自觉加班修正的行列，只有顾常辉这位在技术部出了名的高手袖手旁观。

后来，在提拔考核当中，顾常辉胜券在握，提前跟同事们叫嚣说，按实力，第一个晋升的应该是他。结果，到了名单公布当天，大家都笑得合不拢嘴，原来获得提拔机会的人是吴意纯。顾常辉很不解，无视领导正在和客人讨论事项的情况，直接冲进办公室，扬言要辞职，说领导因为吴意纯是女生而故意偏袒。

领导有点愕然，转而还是静下心来给顾常辉解释了他提拔吴意纯的原因。吴意纯虽然技术能力不是最好的，但是她为人细心，待人处事平和有礼，能够很好地融入整体。这表明她对这个企业、这个部门有归属感，对于部门的发展而言，是有价值的。相反，顾常辉虽然技术很好，但是从来没有尝试过让自己融入部门，更别说归属感了。技术好的人，哪里都可以找得到，但是真心对待公司，真心对待同事，想要归属公司的有价值员工，却不是满街都是。

从上面的故事中，我们可以清晰地感受到，很多时候，我们为人处世，有能力和技术是次要的。所谓"做事先做人"，任何时候我们都应该侧重我们的个人修为。就像故事中的吴意纯和顾常辉一样，技术过硬、待人傲慢的人不仅不会受到别人的欢迎，还很可能会遭人嫌弃。因为他的傲慢和咄咄逼人伤害了别人，也缺乏对别人的必要尊重。相反，像吴意纯那样的人，也许论能力，她不是拔尖儿的那个，不过，她有一颗宽容的心，能包容很多事物，自然让她的胸襟更加广阔，使一切更为得心应手。

所以说，无论我们的水平高低、学问多少，都是表面的。和这些表面的东西相比，我们是否有一颗宽容的心才是最重要的。因此，我们做人做事，一定要秉持一颗宽容之心。

北大行动指南：

1. 宽容别人，等于善待自己

人生在世数十载，没有必要与人结怨，让自己闷闷不乐。宽恕别人，其实解脱的是自己。就像佛语曰：世上本无事，庸人自扰之。当把世事看开以后，便会发现没有不可理解的人，没有不可谅解的事。疼痛之时，应扪心自问："凭什么唯有我不可被伤害？"过后，处之宽容，这就是我们能够做的。宽恕他人，是善待自己的最好方式；自己释怀，心态才能保持健康、自由。

因此，面对不喜欢我们的人，我们不能以牙还牙，不能怨怼，要想想，为什么这些人不喜欢自己？找找自己的原因。就像潘石屹，在他债台高筑的时候，说不准多少他的债主、他的老朋友，甚至他的亲戚朋友也不喜欢他。但是潘石屹没有在事业成就高峰之后以牙还牙，怨怼别人。因为他明白，别人之所以不喜欢自己，那是因为自己借了别人的钱不还。同样地，如果在生活中，在工作上，同事和朋友不喜欢你，那也必定有你的原因。有可能是你为人处世忽略了别人的感受，有可能是你大嘴巴得罪了别人……总之，一个人不喜欢另一个人，必定有他的原因。

所以，对待不喜欢自己的人，我们要特别尊重，用我们的诚意融化别人对我们的成见。

2. 为人处世要低调，懂得尊重别人

刀尖易折，笔尖易断，如果我们总是示强，就容易在过程中折断。从古人身上学智慧，我们能总结出低调做人的生存之道。古往今来，在生活中、工作上以低调来"掩人耳目"，获取战略时间的例子不在少数。当然，低调不等于示弱，示弱不等于投降。

我们所说的低调，是强调我们待人的态度要平和、要谦逊，不要咄咄逼人，不要恃强凌弱，更加不要怀着"不希望别人比自己好"的心思。我们除了要宽容地看待别人的做事方式，还得时刻警醒自己，不要因为自己的语言暴力伤害到别人，要严格要求自己，强迫自己去尊重别人。

只有充分尊重别人，我们才能获取别人打从心底的尊重。这样我们的生活和工作开展才能更加得心应手，交际生活才能更加美好幸福。

北大思考题：

在课堂上，北大教授问了大家一个问题：当你原本的生活无故被打扰了，你的第一反应是什么？

有的同学回答，会当没事发生，生活照常；有的则回答，会找朋友宣泄自己的不满；有的则回答，视情况而定。

其实，教授的这个题目是希望启发学生们善待别人，懂得宽容之道。选择当没事发生的学生，一般心胸比较广阔，经得起大风浪；选择会找朋友倾诉的学生，遇到事情会有苦闷，但是他们懂得自我解脱，不会为小事而过于纠结，但是同时也容易形成依赖别人的习惯；选择视情况而定的同学，在人际交往上有自己的一套尺度，他们懂得如何去分辨别人给他造成的干扰介乎什么程度，但这种学生比较理性，因此也容易出现锱铢必较的情况。

欣赏自己，赏识别人

北大箴言：

死的确是一种强迫的休息，不愧长眠这个雅号。

——俞平伯

卡耐基说："要想成为一个善于为人处世的人，必须记住一点：学会真诚地赞美别人。"如果可以把诚恳的赞美变成一种良好的习惯，那要发现对方值得赞赏的地方也是一件简单的事。如果我们在赞美别人的时候用的是一个诚恳的态度，而且赞美的话语是热情洋溢的，不仅会让对方觉得自己的价值观被赞同、肯定，还可以表现出你的个人修养和友善的态度。这样也可以迅速获得对方的好感，进而产生共鸣，拉近双方的距离。

给予他人一定的赞赏可以有效地鼓励他人进步。心理学家马斯洛提出过这样一个理论：人类的高层次需求就是获得成就感与荣誉感。一个人尽管有才能或者已经获得了一些成绩，他还是需要得到别人、社会的进一步认可。给予他人赞赏，就是认可他人的才能与成绩。当一个人的行动或者成绩受到他人的赞赏或鼓励的时候，他就更容易发挥自己的主观能动性，继续奋斗。

其实每个人都希望别人赞赏、肯定自己引以为傲的事情，所以，如果对方说到自己的优点和成绩时，我们应该给对方适当的肯定。因此，我们想要在生活中讨喜，可以多对别人的优点和长处明知故问，多赞美别人的优点，多发掘别人的长处。

俞平伯，1919年毕业于北京大学，先后任燕京大学、北京大学及清华大学的教授，是中国"新红学派"的创始人之一。不过，大家都知道俞平伯是

第十章 北大人生哲学课,懂得待人才能赢

个著名的新诗人、散文家,却不知道他也是一个昆曲的忠实拥趸。

他喜欢昆曲,源于他对妻子的欣赏。

俞平伯的妻子许宝驯是杭州人,由于出身名门,加上家族向来爱好昆曲,所以,许宝驯从小便受到昆曲的熏陶。许宝驯嗓子很好,字正腔圆,又会谱曲,所以唱起昆曲来十分地道。

1917年,俞平伯和许宝驯喜结良缘。本来,俞平伯对昆曲的认识不深,但是在家中,妻子耳濡目染,加上妻子经常跟他讲述昆曲的奥妙之处,所以俞平伯渐渐爱上了昆曲。不过,说他先爱上昆曲,不如说他是先爱上了唱昆曲的那个人。

后来,俞平伯还利用自己在北大上课那种"近水楼台"的便利,经常向当时擅长昆曲的吴梅先生请教,不过,昆曲作为一种声乐艺术,还是需要讲求一点先天优势的。俞平伯不比妻子,他音色不美,加上咬字很奇怪,总是被妻子"窃笑"。不过俞平伯没有放弃,他觉得,任何人都有擅长的东西,自然也会有不擅长的东西。于是,他明确了自己的方式,那就是当配角,妻子唱,他弹曲;别人弹曲,他就打板。反正就是充分发挥各自的才华。

这是俞平伯生活中的小事,不过也体现了他的良好心态,那就是懂得用欣赏的眼光看待身边的事物,不被自己既定的思维和方向所束缚。而且,他懂得将欣赏别人转变为自己的快乐。这一点,在俞平伯往后的生活细节中可见一斑。

作为唱昆曲不精湛的人,俞平伯将很大的工夫花在了编曲和谱曲上,而且他总是用尽全力地邀请不同的老师、昆曲爱好者到自己家里聚会唱曲儿,通过对别人的欣赏来提升自己的谱曲能力。

除此之外,俞平伯对待朋友也是如此,不论那位朋友是顺境还是逆境,只要俞平伯当这人是朋友,就一定会将他放在与自己平等的位置上去看待,尽力给予朋友们最好的帮助。朱自清是俞平伯的好朋友,他们早在五四运动期间便建立了友谊。不过,和俞平伯不同的是,朱自清的浮沉似乎多了一点,在五卅惨案之后,朱自清遭到迫害,生活非常艰苦,思绪也十分苦闷。屋漏偏逢连夜雨,朱自清的妻子因病去世,他一个人得照顾六个孩子,生活更是苦不堪言,很多时候连温饱都成问题。在这种情况下,朱自清很难全心全意

地搞创作。不过，俞平伯知道，朱自清是一名文人，也将是一名出色的文人。他欣赏朱自清，钦佩朱自清，也关怀朱自清。所以在朱自清全家困难的时候，俞平伯每天为朱自清一家七口送去一日三餐的饭菜，希望朱自清能减轻生活压力，全心创作。

自此，二人的友谊便更加笃定了。

从俞平伯待人接物的生活小细节中，我们可以看出，在赏识自己的前提下，对别人给予欣赏的目光是多么重要、多么温暖的一件事情。也许，你的欣赏不会让对方功成名就，可是却能让别人备感温暖。而很多时候，这一阵子的温暖对别人而言是持久的、是永恒的，是维持关系最好的良方。

因此，在生活中，我们要懂得欣赏别人，发现别人身上的闪光点，用我们最真诚的内心，鼓励对方前进。这也能给我们带来意想不到的收获，因为在你欣赏别人、尊重别人的同时，对方也会欣赏到你的优点，尊重你的意见。

北大行动指南：

1. 赏识别人，不等于自己就要"委曲求全"

对别人要尊重，你应该承认有的人总有强过你的地方，或才干超群，或经验丰富。所以，对别人我们要做到有礼貌、谦逊。但是，绝不能采取"低三下四"的态度。北大人最看不起的就是那种一味奉承、随声附和的人。在他们看来，在保持独立人格的前提下，应采取不卑不亢的态度。

因此，我们在和别人交流的时候，应该谦虚、和顺和尊重，但是这不等于就要我们"低三下四""委曲求全"或者"过分自卑"，相反，我们在对话的时候，更应该不卑不亢，有充分的自信。你要明白，别人无论多好，比你强多少，都不等于你就很差。你的存在是有价值的，你若不是技艺超群，也可能是经验丰富；你不是经验丰富，则可能是认真勤劳。总之，你有你存在的价值，也有得到认可的理由。因此，我们更加应该保持个人思维的独立，保全人格自尊，不卑不亢。只要你对工作有充分的掌握和把握，在必要的时候，不妨大声说出你的意见和看法。只要你是从实际出发，就能成为别人眼中与众不同的"声音"。

2. 懂得将心比心，不要过分斥责别人

其实，对别人过分责备是毫无意义的举动。我们应该先审视自己的内心，并找到自身的不足，然后才能发现别人的缺点。只有真正了解对方的内心世界，才能使人真心地接受你的建议，这比批评和指责更有效果。在我们的生活中，不难发现一些过于"以自我为中心"的人总是不讨好，他们不讨好的原因就在于他们对自我的肯定和对他人的否定。

将心比心，每一个人都有自己的思维、有自己的思想和尊严，纵使我们的提议或者做法不甚完美，也都不希望得到别人当面的否定。因此，不要随意批评他人，不要在别人面前一味说"错"字，更不要因此与人争辩，因为这些举动都毫无意义，并不能使人诚心认错。面对别人提出的意见或者做法，一旦我们觉得还有商榷的余地，可以用婉转的语气跟别人讲出自己的想法，正所谓"宁说自己是，勿说别人非"就是这个道理。你可以说自己觉得正确的想法，可是别一直说别人的想法错误！

北大思考题：

在课堂上，北大教授问了大家一个问题：如果给你一个机会，到一个新的环境开展生活，你会选择如何？

答案是三选一，第一个是开展全新的、与以往截然不同的生活；第二个是重复以前的生活，在异地开展过往的日子；第三个是不确定，随着感觉走。

选择答案一的同学，比较容易将环境和人物进行代入，他们能更好地发现别人身上的优点，就像到了一个新的地方，他们能很快融入这个环境，发现这个环境的优势；选第二个答案的同学比较固执己见，在对待别人和看待自己的层面上，有自己的一套原则，比较容易钻牛角尖，喜欢就是喜欢，不喜欢就是不喜欢，缺少转弯余地的局面；选第三个答案的同学，交友和待人有一定的灵活性，但是相对比较功利，容易出现以利益为衡量基准的情况。

懂得自我批评，让自己成为一个受欢迎的人

北大箴言：

生为国家，死为国家，平生具侠义风，功罪盖棺犹未定；誉满天下，谤满天下，乱世行春秋事，是非留待后人评。

——章士钊

人生在世，多少会有各种不足之处。面对自己的不足，有的人喜欢遮掩，有的人喜欢为自己辩驳开脱。而当一个人越是遮掩自身的问题，就越说明这个人心态的失衡；而越是辩驳开脱，则会越描越黑。没错，适当的自嘲是最好的办法。

罗伯特是美国著名的演说家，他在老年的时候几乎成了一个光头的老头，但他从来不抗拒、掩饰自己外貌上的不足。他在60岁生日那天邀请了许多好友参加自己的寿宴，他的老婆私下提醒他应该戴一顶帽子为好。但罗伯特拒绝了老婆的提醒，而且对着自己的好友说道："今天我的太太还劝过我戴一顶帽子，可你们知道秃头的好处吗？我可是第一个知道老天在下雨的人啊！"就是这样一句自嘲的话，让现场的气氛马上变得热闹起来了。

生活中，自我批评经常被当作缓解气氛的工具，而且经常有不错的效果。当你身处尴尬中，往往可以利用自嘲的方式让自己体面地全身而退。有这么一个例子，在一个酒吧里，服务员不小心把酒撒到了顾客那只烧伤过的手上，而服务员顿时吓得不知道应该怎么做，其他顾客也手足无措。而这位顾客却说："年轻人，你觉得这样有助于治疗我的手吗？"这番话引得大家大笑，而这个尴尬的局面也就缓和了很多。这位顾客就是用了自我嘲笑的办法，不仅维护了自己的尊严，消除了心中的耻辱感，也体现了他宽广的心胸。

可见，适当的自我批评，可以让自己更受欢迎。

章士钊是中国著名的民主斗士、著名作家和教育家，还先后担任过北大教授。他在北大讲课的时候，认识了当时正在图书馆当助理管理员的毛泽东。

因为毛泽东不是正式的北大学子，一般只是蹭课，所以他的机动性很强，经常听章士钊的课，觉得章士钊讲课很好，所以便对章士钊产生了浓厚兴趣。虽然章士钊比毛泽东大12岁，不过，章士钊是直率坦荡的性情，所以无论后辈前辈，很快就和志趣相投的毛泽东结交出深厚的友谊。

在毛泽东眼中，章士钊是一个受欢迎的人，起码，大受毛泽东本人欢迎。

章士钊受欢迎，是因为他很仗义。1920年，毛泽东努力想在家乡湖南筹办共产党组织，加上他还想援助一部分有志青年到欧洲勤工俭学，因此，他需要大笔资金。不过，这笔资金对当时的毛泽东而言是个天文数字，无论如何，他都想不通该如何凑齐。无奈之下，他找到了章士钊，告诉了章士钊自己的想法，最根本的目的是希望援助年轻人到欧洲勤工俭学。

章士钊一听，觉得这事儿可行，而且十分有意义，于是二话不说，便答应了。经过了几天的奔走，章士钊将一叠两万银元的巨款交到毛泽东的手中。得到了章士钊的资助后，毛泽东顺利地将一批湖南青年送往欧洲求学，剩余的钱则用来从事革命工作。

章士钊受欢迎，还因为他懂得自我批评。1957年，共产党开展了整风大会。会议上，章士钊提出了"希望共产党能永葆廉洁奉公，别出现物必自腐而后虫生"的说法。放在现在，这种说法很正面，很有意义，不过放在当时，他的提法就有"右倾""修正主义"的意味了。结果，不出数日，"反右"人士纷纷对章士钊展开抨击，逼迫章士钊写检讨书。章士钊意识到了问题的严重性，便闷在家里写检讨书。可是，章士钊文笔不差，表述能力也不弱，却无奈检讨书怎么写都不通过，声讨他的言论还是此起彼伏。

章士钊想了想，还是亲自给毛泽东写一封信吧。于是他不顾家人的反对，亲自给毛泽东写信，在信中诚恳地表述了自己的初衷，而且不卑不亢地评议了对他不公的抨击，最终化解了这场风波。

也许，章士钊的故事还有很多，不过，从上面两则事例中，我们可以看出章士钊的为人。他待人仗义、待己严格，懂得自我批评，懂得客观分析。只有像他这样做，我们在生活中才能正确地判断人与人之间的关系，才能更好地打造我们的交际圈，以及保持交际圈的脉络畅通。

很多时候，一些很细微的生活点滴，一些很微不足道的小幽默，以及简简单单的自我批评，都能让我们在别人眼中变得不一样，让我们更受欢迎，受人敬重。关键在于，我们要摆正自己的位置，任何时候都要谨记"吃亏的自我批评不等于自卑，不等于低三下四；高调的仗义出手，也不等于趾高气扬，不可一世"。要成为一个受欢迎的人，我们就要学会用平和的心境看待别人的眼光，除了关注自己的心思，还要懂得照顾别人的想法。

北大行动指南：

1. 尴尬的时候，学会幽默

有时候，在社交中，人有可能蒙羞，这样就导致自己的处境很尴尬，可以利用自嘲来缓解，更可以让自己在幽默中找到一个"台阶"。学会自我批评，是一个十分高明、好用的脱身方法。如果是一个很胖的人摔倒了，他可以这么说："好在有这一身肉，不然骨头可就摔断了。"反之，瘦的人又可以这么说："好在我身轻如燕，不然现在可就变成一块肉饼了。"在自嘲的时候就应该学会对自己的缺点"开火"，这样幽默感俱佳。如果你有这份勇气，大家也会附上大笑，不会让你一个人孤独地笑着。要知道，在现实生活中，那些懂得自嘲的人更加受欢迎。

2. 吃亏是个硬道理，让你喜结人缘

其实，"吃亏在前"的潜台词是"成功在后"。人在生活中总会遇上有口难言的时候，在这种情况下，装傻可能会让你吃亏，但是却能保全自己。有的时候，自己的创意被别人有意无意地抄袭剽窃了，会让自己很委屈，更委屈的是，上级表扬了他的方案，还嫌自己的方案不够完善。面对这种常见的情况，有人的会铤而走险，直接说出对方剽窃创意的事。但是一般情况下，这样做的成功率并不高，因为创意是抽象的，你没有真凭实据，贸然地指证，只会让你在别人心目中变得更加不靠谱。相反，如果你能化委屈为动力，装

第十章 北大人生哲学课，懂得待人才能赢

傻一回，假装不知道剽窃的事，既能减低别人对你的戒备，为你赢得休战重整的机会，还能在上级心目中架起一副有错就认、恭敬谦卑的形象，何乐而不为呢？

北大思考题：

在一次研讨会上，北大教授一坐下就笑了笑，什么学术问题都还没讨论，就先问了大家一个问题：一般情况下，如果遇到你非常震怒的事情，会破口大骂吗？

当然，碍于自我形象，很多学生都说自己不是那种会破口大骂的人。不过，还是有些学生给出了肯定的答案，他们是诚恳的。

从教授的角度出发，如果面对让自己十分震怒的事情而破口大骂的，这是真性情，可是却缺乏了情绪上的自控能力；而不会破口大骂的学生，有较好的自我控制能力。

情绪控制是一个人成长过程中必不可少的环节，学会情绪控制能够帮助我们更好地融入社会。